FORSCHUNGSBERICHTE DES LANDES NORDRHEIN-WESTFALEN

Nr. 1931

Herausgegeben im Auftrage des Ministerpräsidenten Heinz Kühn
von Staatssekretär Professor Dr. h. c. Dr. E. h. Leo Brandt

DK 513.881

(Nr. 23 der Schriften des IIM · Serie A)

Dr. rer. nat. Georgios Pantelidis

Konvergente Iterationsverfahren für flach konvexe Banachräume

Dr. rer. nat. Eberhard Schock

Der diametrale Folgenraum eines nuklearen lokalkonvexen Raumes

(Nr. 24 der Schriften des IIM · Serie A)

Dr. rer. nat. Christian Fenske

Lokales Fixpunktverhalten bei stetigen Abbildungen in kompakten konvexen Mengen

Rhein.-Westf. Institut für Instrumentelle Mathematik Bonn (IIM)

SPRINGER FACHMEDIEN WIESBADEN GMBH 1968

Diese Veröffentlichung enthält die Beiträge:

Dr. rer. nat. Georgios Pantelidis, Konvergente Iterationsverfahren für flach konvexe Banachräume

Dr. rer. nat. Eberhard Schock, Der diametrale Folgeraum eines nuklearen lokalkonvexen Raumes

Zugleich Nr. 23 der »Schriften des Rheinisch-Westfälischen Instituts für Instrumentelle Mathematik an der Universität Bonn (Serie A)«

Dr. rer. nat. Christian Fenske, Lokales Fixpunktverhalten bei stetigen Abbildungen in kompakten konvexen Mengen

Zugleich Nr. 24 der »Schriften des Rheinisch-Westfälischen Instituts für Instrumentelle Mathematik an der Universität Bonn (Serie A)«

ISBN 978-3-663-19608-2 ISBN 978-3-663-19650-1 (eBook)
DOI 10.1007/978-3-663-19650-1

Ursprünglich erschienen bei Westdeutscher Verlag GmbH, Köln und Opladen 1968

Verlags-Nr. 011931

Gesamtherstellung: Westdeutscher Verlag GmbH

DK 513.881

(Nr. 23 der Schriften des IIM · Serie A)

Dr. rer. nat. Georgios Pantelidis

Rhein.-Westf. Institut für Instrumentelle Mathematik Bonn (IIM)

Konvergente Iterationsverfahren für flach konvexe Banachräume

Im folgenden erweitern wir die Ergebnisse der Arbeiten von W. J. Stiles [9], [10] auf nicht notwendig strikt konvexe Banachräume. Darüber hinaus besprechen wir eine Iterationsvorschrift, die der von Hirschfeld [3] für strikt und flach konvexe Banachräume angegebenen entspricht.

Im folgenden sei E ein reeller normierter Vektorraum und E^* sein starker topologischer Dual.

$$B_E = \{x \in E;\ \|x\| \leqq 1\} \text{ und } S_E = \{x \in E;\ \|x\| = 1\}$$

$$\text{bzw. } B_{E^*} = \{f \in E^*;\ \|f\| \leqq 1\} \text{ und } S_{E^*} = \{f \in E^*;\ \|f\| = 1\}$$

sei die Einheitskugel und Einheitssphäre von E bzw. E^*. Für einen abgeschlossenen Teilraum A von E und ein Element $x \in E$ bezeichnen wir mit

$$P_A(x) = \{a_0 \in A;\ \|x - a_0\| = \inf_{a \in A} \|x - a\|\}$$

die Menge der Elemente bester Approximation von x durch Elemente von A. $\pi_A(x)$ sei ein beliebiges Element aus $P_A(x)$.

Eine Menge X eines linearen topologischen Raumes E heiße eine *extremale Teilmenge* einer abgeschlossenen konvexen Menge K, wenn gilt

i) X ist eine abgeschlosene konvexe Teilmenge von K,
ii) X enthält mit einem inneren Punkt eines Intervalls in K das ganze Intervall, d. h. wenn $\lambda x + (1 - \lambda) y \in X$ für $x, y \in K$ und $0 < \lambda < 1$ dann sind $x, y \in X$.

Eine extremale Teilmenge von K, die genau aus einem einzigen Element besteht, heiße ein *Extremalpunkt* von K.

E heiße *strikt konvex*, wenn jedes Element von S_E Extremalpunkt von B_E ist.

E heiße *flach konvex* genau dann, wenn es zu jedem $x \in E \setminus \{0\}$ genau ein $f \in S_{E^*}$ gibt mit $f(x) = \|x\|$.

Eine Element $x \in E$ heiße *orthogonal zu einem Teilraum* $A \subset E$ ($x \perp A$) genau dann, wenn $\|x\| \leqq \|x + ka\|$ für alle $a \in A$ und $k \in \mathbf{R}$, d. h. also, daß $0 \in P_A(x)$ oder $\|x\| = d(x, A) = \inf_{a \in A} \|x - a\|$. Eine Menge M *heiße orthogonal zu* A genau dann, wenn jedes Element aus M orthogonal zu A ist. Diese Definition ist zuerst von G. Birkhoff [1] gegeben. Wir bemerken noch, daß für jeden Teilraum A $x - \pi_A(x) \perp A$ ist, denn $0 \in P_A(x - \pi_A(x))$.

Ferner setzen wir für eine Folge $\{x_i\}$ von Elementen eines Banachraumes E

$$\overline{\lim}\, x_i = \{x \in E;\ \text{es gibt eine Teilfolge } \{x_{i_k}\} \text{ von } \{x_i\} \text{ mit } \lim x_{i_k} = x\}.$$

C. Kuratowski [6].

1.

Theorem 1.1. (R. C. James [4]) i) Sei $f \in E^*$, $f \neq 0$ und sei $x \in E$. Es gilt

$$|f(x)| = \|f\| \cdot \|x\| \text{ genau dann, wenn } x \perp f^{-1}\{0\}.$$

ii) Ist A ein abgeschlossener Teilraum von E und $x \perp A$, dann existiert ein $f \in E^* \setminus \{0\}$ mit

$$f(x) = \|f\| \cdot \|x\| \quad \text{und} \quad A \subset f^{-1}\{0\}.$$

Lemma 1.1. Sei E ein endlich dimensionaler Banachraum. Dann gilt: Für je zwei Folgen $\{x_n\} \subset S_E$, $\{y_n\} \subset E$ und eine Folge $\{f_n\} \subset S_{E^*}$ mit

$$f_n(x_n) = f_n(y_n) = 1, \; \lim \|y_n\| = 1$$

gibt es eine extremale Teilmenge X von B_E mit

$$x = \lim x_{n_k} \in X \quad \text{und} \quad y = \lim y_{n_k} \in X$$

für alle konvergente Teilfolgen $\{x_{n_k}\}$ bzw. $\{y_{n_k}\}$ von $\{x_n\}$ bzw. $\{y_n\}$.

Beweis: Aus der Kompaktheit von S_E folgt, daß solche konvergenten Teilfolgen $\{x_{n_k}\}$ existieren. Aus der Stetigkeit der Norm folgt, daß $\|x\| = 1$ und $\|y\| = 1$. Außerdem gilt

$$1 = \alpha f_{n_k}(x_{n_k}) + (1-\alpha) f_{n_k}(y_{n_k}) = f_{n_k}(\alpha x_{n_k} + (1-\alpha) y_{n_k}) \leqq$$

$$\leqq \|f_{n_k}\| \cdot \|\alpha x_{n_k} + (1-\alpha) y_{n_k}\| \leqq \|\alpha x_{n_k} + (1-\alpha) y_{n_k}\|,$$

für alle α mit $0 \leqq \alpha \leqq 1$ und für alle n_k.
Also ist $1 \leqq \|\alpha x_{n_k} + (1-\alpha) y_{n_k}\|$.
Wegen der Stetigkeit der Norm gilt noch

$$1 \leqq \|\alpha x + (1-\alpha) y\| \leqq \alpha \|x\| + (1-\alpha) \|y\| = 1$$

also $\|\alpha x + (1-\alpha) y\| = 1$ für alle α mit $0 \leqq \alpha \leqq 1$, d. h. x, y gehören der gleichen extremalen Teilmenge X von B_E.
Dieses Lemma ist eine Verallgemeinerung von [9] Lemma 3.2, da die extremalen Teilmengen eines strikt konvexen normierten Raumes einpunktig sind.

Lemma 1.2. Sei E ein reflexiver flach konvexer Banachraum, A, B seien abgeschlossene Teilräume von E und X eine extremale Teilmenge von B_E. Dann folgt aus $x, y \in X$, $x \perp A$ und $y \perp B$ stets

i) $X \perp A$ und $X \perp B$,
ii) $X \perp \operatorname{span}(A, B) = [A, B]$.

Beweis: Von R. C. James [4] wurde gezeigt, daß aus i) stets ii) folgt.
Nach I. Singer [8] ist die Menge

$$M = \bigcap_{x \in X} \{f \in S_{E^*}; f(x) = 1\}$$

eine nichtleere extremale Teilmenge von B_{E^*}. Nach M. M. Day [2], S. 112, ist E flach konvex genau dann, wenn E^* strikt konvex ist, also besteht M nur aus einem einzigenElement f, d. h. also, daß nur ein $f \in S_{E^*}$ existiert, so daß $f(y) = 1$ für alle $y \in X$. Da $x \perp A$ und E flach konvex ist, gilt nach Theorem 1.1 $f(x) = 1$ und $A \subset f^{-1}\{0\}$ nur für dieses eine f. Entsprechend gilt für dieses f, da $y \perp B$ ist, $f(y) = 1$ und $B \subset f^{-1}\{0\}$. Also haben wir für jedes $z \in X$

$$\|f\| \cdot \|z\| = 1 = f(z) = f(z + \alpha a) \leqq \|z + \alpha a\|$$

$$\|f\| \cdot \|z\| = 1 = f(z) = f(z + \beta b) \leqq \|z + \beta b\|$$

also $\|z\| \leqq \|z + \alpha a\|$ und $\|z\| \leqq \|z + \beta b\|$ für $a \in A$, $b \in B$ und $\alpha, \beta \in \mathbf{R}$, d. h., daß $z \perp A$, $z \perp B$.

Beim Beweis des folgenden Theorems folgen wir W. J. STILES [9], der entsprechende Aussagen für den strikt konvexen Fall bewiesen hat.

Theorem 1.2. Sei E endlich dimensional und flach konvex. Für zwei gegebene Teilräume A, B gibt es ein $k \in (0, 1)$, so daß für alle $x \in A$

$$\|\pi_B(x) - \pi_A(\pi_B(x))\| \leqq k \|\pi_B(x) - x\| .$$

Beweis: Wir können annehmen, daß $E = [A, B]$ ist.

Für jedes $x \in A$ gilt immer

$$\|\pi_B(x) - \pi_A(\pi_B(x))\| \leqq \|\pi_B(x) - x\| .$$

Ist $x \notin P_A(P_B(x))$, dann folgt

$$\|\pi_B(x) - \pi_A(\pi_B(x))\| < \|\pi_B(x) - x\| .$$

Ist $x \in P_A(P_B(x))$, dann gibt es zwei Möglichkeiten:

i) $x \in P_B(x)$, d. h. $x = \pi_B(x)$, so ist $P_A(\pi_B(x)) = \pi_B(x)$ und wir haben

$$0 = \|\pi_B(x) - \pi_B(x)\| \leqq k \|x - x\| = 0$$

was für jedes k gilt.

ii) $x \notin P_B(x)$, dann gibt es wenigstens ein $\pi_B(x) \in P_B(x)$, so daß $x \in P_A(\pi_B(x))$. Aus $\pi_B(x) - P_A(\pi_B(x)) \perp A$ folgt $x - \pi_B(x) \perp A$, $x - \pi_B(x)$ ist aber orthogonal auch zu B. Da E flach konvex ist, ist $x - \pi_B(x) \perp [A, B] = E$, also ist $x - \pi_B(x) = 0$, d. h. $x = \pi_B(x)$, also ist $x \in P_B(x)$. Das ist aber ein Widerspruch, also tritt dieser Fall nicht auf.

Wir nehmen an, es gebe eine Folge $\{x_n\} \subset A \setminus B$ und eine Folge $\{\pi_B(x_n)\}$, so daß gilt

$$\lim \frac{\|\pi_B(x_n) - \pi_A(\pi_B(x_n))\|}{\|\pi_B(x_n) - x_n\|} = 1$$

Sei nun $\alpha_n = \dfrac{1}{d(\pi_B(x_n), A)}$, dann ist

$$\|\pi_B(\alpha_n x_n) - \pi_A(\pi_B(\alpha_n x_n))\| = 1 \quad \text{und} \quad \lim \|\pi_B(\alpha_n x_n) - \alpha_n x_n\| = 1.$$

Da $\pi_B(\alpha_n x_n) - \pi_A(\pi_B(\alpha_n x_n)) \perp A$, gibt es ein f_n mit

$$f_n(A) = 0 \quad \text{und} \quad f_n(\pi_B(\alpha_n x_n) - \pi_A(\pi_B(\alpha_n x_n))) = f_n(\pi_B(\alpha_n x_n)) = 1.$$

Aus diesen Gleichungen folgt, daß

$$f_n(\pi_B(\alpha_n x_n) - \alpha_n x_n) = f_n(\pi_B(\alpha_n x_n)) = 1.$$

Somit erfüllen die Folgen

$$\{\pi_B(\alpha_n x_n) - \pi_A(\pi_B(\alpha_n x_n))\} \quad \text{und} \quad \{\pi_B(\alpha_n x_n) - \alpha_n x_n\}$$

die Voraussetzungen des Lemma 1.1. Also konvergiert jede konvergente Teilfolge der ersten gegen ein x, was in der gleichen extremalen Teilmengen von B_E wie der Limes der entsprechenden Teilfolge der zweiten liegt.

Aus $\pi_B(\alpha_n x_n) - \pi_A(\pi_B(\alpha_n x_n)) \perp A$ und $\pi_B(\alpha_n x_n) - \alpha_n x_n \perp B$ folgt, daß $x \perp A$ und $y \perp B$. Somit ist nach Lemma 1.2 $x \perp [A, B] = E$ also $x = 0$, das ist ein Widerspruch zu $\|x\| = 1$.

Für $x \in E$ $\{x_n\}$ sei eine Folge mit $x_1 \in P_B(x)$, $x_2 \in P_A(x_1)$, $x_3 \in P_B(x_2)$, ..., $x_{2n-1} \in P_B(x_{2n-2})$, $x_{2n} \in P_A(x_{2n-1})$, ...

Theorem 1.3. Ist E ein endlich dimensionaler Banachraum, so konvergiert jede solche Folge $\{x_n\}$ gegen ein Element von $A \cap B$ für jedes Paar A, B von Teilräumen von E und jedes $x \in E$ genau dann, wenn E flach konvex ist.
Dieses Theorem ist eine Verallgemeinerung des Theorems 3.2 von [9], und der Beweis ist in Zusammenhang mit Theorem 1.2 derselbe.

2.

In diesem Abschnitt werden wir das Theorem von W. J. Stiles [10] für den Fall eines endlich dimensionalen flach konvexen, aber nicht notwendig strikt konvexen Banachraumes betrachten, aus dem das oben genannte Theorem von Stiles als Korollar folgt.
Sei $x \in E$ und $\{x_n\}$ eine Folge mit $x_1 \in (I - P_B)(x)$, $x_2 \in (I - P_A)(x_1)$, ..., $x_{2n-1} \in (I - P_B)(x_{2n-2})$, $x_{2n} \in (I - P_A)(x_{2n-1})$, ..., wobei A, B Teilräume von E sind, dann gilt:

Theorem 2.1. Ist E ein endlich dimensionaler flach konvexer Banachraum und A, B Teilräume von E, so gilt

$$\overline{\lim x_i} \subset x - P_{[A,B]}(x).$$

Beweis: Ist zunächst $x \notin [A, B]$, dann dürfen wir annehmen, daß $E = [x] \oplus [A, B]$ ist.
Nun hat W. J. Stiles [10] gezeigt, daß für jede konvergente Teilfolge $\{x_{n_k}\}$ von $\{x_n\}$ mit $\lim x_{n_k} = y \neq 0$ $y \perp [A, B]$ ist.
Ist $\pi_{[A,B]}(x)$ ein Element aus $P_{[A,B]}(x)$, so kann man x in der Form

$$x = (x - \pi_{[A,B]}(x)) + \pi_{[A,B]}(x) = z + a + b$$

mit $z = x - \pi_{[A,B]}(x)$, $a \in A$ und $b \in B$ schreiben.

Hieraus folgt dann:

$$x_1 = x - \pi_B(x) = z + a - \pi_B(z + a)$$

$$x_2 = z - \pi_B(z + a) - \pi_A(z - \pi_B(z + a))$$

$$\cdots\cdots\cdots\cdots\cdots\cdots\cdots\cdots\cdots\cdots$$

$$x_n = z - a_n - b_n, \quad \text{mit} \quad a_n \in A, b_n \in B,$$

$$\cdots\cdots\cdots\cdots\cdots\cdots\cdots\cdots\cdots\cdots$$

Insbesondere ist $x_{n_k} = z - a_{n_k} - b_{n_k}$ und

$$\lim x_{n_k} = y = z - c,$$

wobei $c = \lim (a_{n_k} + b_{n_k}) \in [A, B]$ ist.

Da E flach konvex ist, $z \perp [A, B]$ und $[A, B]$ eine Hyperebene, gibt es genau ein $f \in E^*$ mit

$$f(z) = \|f\| \, \|z\| \quad \text{und} \quad [A, B] = f^{-1}\{0\}.$$

Weil $c \in [A, B]$ folgt dann aus $y = z - c$ $f(y) = f(z)$.

Wie oben bemerkt, ist auch $y \perp [A, B]$, also ist auch $|f(y)| = \|f\| \cdot \|z\|$ und damit

$$f(y) = \|f\| \cdot \|y\| = f(z) = \|f\| \cdot \|z\|,$$

woraus

$$\|y\| = \|z\| = d(x, [A, B])$$

folgt.

Nun ist für jede reelle Zahl α mit $0 \leqq \alpha \leqq 1$

$$\|f\| \cdot \|\alpha y + (1 - \alpha) z\| \geqq f(\alpha y + (1 - \alpha) z) = \alpha f(y) + (1 - \alpha) f(z)$$

$$= \|f\| (\alpha \|y\| + (1 - \alpha) \|z\|) = \|f\| \cdot \|y\| = \|f\| \cdot \|z\|,$$

woraus

$$\|\alpha y + (1 - \alpha) z\| = \|y\| = \|z\| = d(x, [A, B])$$

folgt.

Dies heißt aber, daß y und z zur gleichen extremalen Teilmenge von der Kugel $B_E(0, d)$ (der Kugel mit Mittelpunkt 0 und Radius $d = d(x, [A, B])$) gehören.
Nun ist $z \in x - P_{[A,B]}(x)$, und da $[A, B]$ eine Hyperebene ist, ist $x - P_{[A,B]}(x)$ eine extremale Teilmenge von $B_E(0, d)$, und aus der flachen Konvexität von E folgt weiter, daß $x - P_{[A,B]}(x)$ die einzige maximale extremale Teilmenge von $B_E(0, d)$ ist, die z enthält, woraus $y \in x - P_{[A,B]}(x)$ folgt.
Ist aber $x \in [A, B]$, dann liegt auch $y \in [A, B]$. Insbesondere ist dann $x - P_{[A,B]}(x) = \{0\}$.
Wäre $y \neq 0$, dann ist nach dem Beweis von W. J. Stiles [10] $y \perp [A, B]$ und da $y \in [A, B]$ folgt $y = 0$, womit ein Widerspruch hergeleitet ist. In diesem Fall ist also

$$\lim x_i = 0,$$

womit alles gezeigt ist.

Korollar 2.1. (W. J. Stiles [10]) Ist E ein endlich dimensionaler strikt und flach konvexer Banachraum, dann gilt für jedes $x \in E$

$$\lim x_i = x - P_{[A,B]}(x).$$

Beweis: Dies folgt unmittelbar aus obigem Theorem, da 1. jede Teilfolge von $\{x_i\}$ enthält eine konvergente Teilfolge (wegen Kompaktheit) und 2. $x - P_{[A,B]}(x)$ einpunktig ist.

Literaturverzeichnis

[1] Birkhoff, G., Orthogonality in linear metric spaces. Duke Math. J. 1 (1935), 169–172.

[2] Day, M. M., Normed linear spaces. Berlin 1958.

[3] Hirschfeld, R. A., On best approximation in normed vector spaces II. Nieuw Archief voor Wiskunde (3), VI (1958), 99–107.

[4] James, R. C., Orthogonality and linear functionals in normed linear spaces. Trans. Amer. Math. Soc. 61 (1947), 265–292.

[5] Klee, V., On a problem of Hirschfeld. Nieuw Archief voor Wiskunde (3), XI (1963), 22–26.

[6] Kuratowski, C., Topologie I. Warszawa 1952.

[7] Neumann, J. von, On rings of operators, Reduction Theory. Annals of Math. 50 (1949), 401–485.

[8] Singer, I., Sur quelques théorèmes de W. W. Rogosinski et S. I. Zoukhovitzky. Rev. Math. pures et appl. 3 (1958), 117–130.

[9] Stiles, W. J., Closest-point maps and their products. Nieuw Archief voor Wiskunde (3), XIII (1965), 19–29.

[10] Stiles, W. J., A solution to Hirschfeld's problem. Nieuw Archief voor Wiskunde (3), XIII (1965), 116–119.

DK 513.881

(Nr. 23 der Schriften IIM · Serie A)

Dr. rer. nat. Eberhard Schock

Rhein.-Westf. Institut für Instrumentelle Mathematik Bonn (IIM)

Der diametrale Folgenraum eines nuklearen lokalkonvexen Raumes

Von BESSAGA, PELCZYNSKI und ROLEWICZ [1], [2] stammt der Begriff der diametralen Dimension (siehe 1.1) eines lokalkonvexen Raumes, der sich als ein nützliches Hilfsmittel zur Charakterisierung der nuklearen lokalkonvexen Räume erwiesen hat. Wir werden hier, ausgehend von der diametralen Dimension, jedem lokalkonvexen Raum E einen lokalkonvexen Folgenraum $\Lambda_{\mathfrak{U}}(E)$zuordnen. Dieser »diametrale Folgenraum« gestattet es, die Struktur der nuklearen Räume zu untersuchen. Wir geben hier eine neue Charakterisierung der nuklearen Räume an. Wie von T. KOMURA und Y. KOMURA [4] gezeigt wurde, ist jeder nukleare Raum isomorph einem Teilraum des Produktes $(s)^A$ des Raumes (s) der schnell fallenden Zahlenfolgen. Wir zeigen, daß sich jeder nukleare Raum E schon in das Produkt $[\Lambda_{\mathfrak{U}}(E)]^A$ seines diametralen Folgenraumes $\Lambda_{\mathfrak{U}}(E)$ isomorph einbetten läßt.

0.1 Für eine absolutkonvexe Teilmenge A des lokalkonvexen Raumes E bezeichnen wir mit p_A das Minkowski-Funktional $p_A(x) = \inf\{\varrho > 0,\ x \in \varrho A\}$. $\mathfrak{U}(E)$ bzw. $\mathfrak{B}(E)$ seien Fundamentalsysteme von absolutkonvexen abgeschlossenen Nullumgebungen bzw. beschränkten Teilmengen von E. Für $U \in \mathfrak{U}(E)$ bzw. $B \in \mathfrak{B}(E)$ bilden wir die normierten Räume $E(U) = E/p_U^{-1}\{0\}$ bzw. $E(B) = \bigcup_{n \in N} nB$ mit den Normen p_U bzw. p_B. Ist $V \in \mathfrak{U}(E)$ mit $V < U$ (d. h. $V \subset \varrho U$ für ein $\varrho > 0$), so bildet die kanonische Abbildung $E(V, U)$: $E(V) \to E(U)$ jede Restklasse $x(V) \in E(V)$ ab auf $x(U) \in E(U)$. Für $A \in \mathfrak{B}(E)$ mit $B < A$ ist die kanonische Abbildung $E(B, A)$: $E(B) \to E(A)$ definiert durch $E(B, A)\, x = x$ für $x \in E(B)$. Ein lokalkonvexer Raum E heißt *nuklear*, wenn es zu jedem $U \in \mathfrak{U}(E)$ ein $V \in \mathfrak{U}(E)$ mit $V < U$ gibt, so daß die kanonische Abbildung $E(V, U)$ nuklear ist. E heißt *dualnuklear* (d. h. der starke topologische Dual E_b' ist nuklear), wenn es zu $A \in \mathfrak{B}(E)$ ein $B \in \mathfrak{B}(E)$ mit $A < B$ gibt, so daß die kanonische Abbildung $E(A, B)$ nuklear ist. In jedem nuklearen lokalkonvexen Raum E gibt es ein Fundamentalsystem $\mathfrak{U}_H(E)$ von Nullumgebungen U so, daß die Räume $\widetilde{E(U)}$ bzw. $E'(U^0)$ Hilberträume sind (U^0 ist die absolute Polare von U). Für weitere Einzelheiten verweisen wir auf PIETSCH [6].

0.2 Es sei $I = \{0, 1, 2, \ldots\}$ und P eine Menge von Zahlenfolgen $\varrho = [\varrho_i, I]$ mit den Eigenschaften

(F 1) Für alle $\varrho \in P$ gilt $\varrho_i \geqq 0$.
(F 2) Zu jeder Zahl $i \in I$ gibt es eine Folge $\varrho \in P$ mit $\varrho_i > 0$.
(F 3) Zu je zwei Folgen $\varrho^{(1)}, \varrho^{(2)} \in P$ gibt es eine Folge $\varrho \in P$ mit $\max\{\varrho_i^{(1)}, \varrho_i^{(2)}\} \leqq \varrho_i$ für alle $i \in I$.

Unter diesen Voraussetzungen ist die Gesamtheit $\Lambda = \Lambda_P$ aller reellen oder komplexen Zahlenfolgen $[\xi_i, I]$ mit

$$p_\varrho[\xi_i, I] = \sum_I |\xi_i|\, \varrho_i < \infty$$

für alle $\varrho \in P$ bezüglich der Operationen

$$[\xi_i, I] + [\eta_i, I] = [\xi_i + \eta_i, I],\quad \alpha\,[\xi_i, I] = [\alpha \xi_i, I]$$

ein linearer Raum, der in der durch die Halbnormen $\{p_\varrho, \varrho \in P\}$ erzeugten (separierten) lokalkonvexen Topologie vollständig ist. Wir nennen diesen Raum Λ einen *Folgenraum*. Die metrisierbaren Folgenräume sind die von KÖTHE und TÖPLITZ eingeführten gestuften Räume. Ein Folgenraum Λ_P ist nach PIETSCH [6] genau dann nuklear, wenn es zu jedem $\varrho \in P$ ein $\sigma \in P$ und eine Folge $\mu = [\mu_i, I] \in \ell^1$ gibt mit

$$\varrho_i \leqq \mu_i \sigma_i. \tag{1}$$

Von besonderem Interesse sind die Potenzreihenräume. Ein Folgenraum Λ_P heißt *Potenzreihenraum*, wenn P aus den Folgen $[\varrho^{\alpha_i}, I]$ mit $0 < \varrho < \varrho_0$ und $0 \leqq \alpha_0 \leqq \alpha_1 \leqq \ldots$ besteht. Ein Potenzreihenraum heißt von endlichem oder von unendlichem Typus, wenn $\varrho_0 < \infty$ oder $\varrho = \infty$ gilt. Insbesondere erwähnen wir den Raum (s) der schnell fallenden Zahlenfolgen mit $P = \{[\varrho^{\log(i+1)}, I], 0 < \varrho < \infty\}$.

0.3 Sind E und F lineare normierte Räume, so bezeichnen $\mathscr{L}(E, F)$ die Gesamtheit der stetigen linearen Abbildungen T von E in F und $\mathscr{L}_i(E, F)$ die Gesamtheit der Abbildungen $T \in \mathscr{L}(E, F)$ mit höchstens i-dimensionalem Bildraum. Jeder Abbildung $T \in \mathscr{L}(E, F)$ ordnete PIETSCH die *Approximationszahlen*

$$\alpha_i(T) = \inf\{\|T - T_i\| \; T_i \in \mathscr{L}_i(E, F)\}$$

zu. Dabei heißt eine Abbildung T vom Typus $\ell^p (p > 0)$, wenn gilt $\sum_I \alpha_i(T)^p < \infty$. Insbesondere ist jede Abbildung vom Typus ℓ^1 nuklear.

0.4 Für zwei Teilmengen A und B des lokalkonvexen Raumes E mit $A < B$ bezeichnet man mit

$$\delta_i(A, B) = \inf\{\delta > 0; \; A \subset \delta B + E_i\},$$

wobei das Infimum über alle Teilräume E_i von E gebildet wird mit $\dim E_i \leqq i$, den *i-ten Durchmesser von A bezüglich B*. Sind E und F normierte Räume mit den abgeschlossenen Einheitskugeln U und V und ist $T \in \mathscr{L}(E, F)$, so gilt

$$\delta_i(T(U), V) \leqq \alpha_i(T) \leqq (i + 1)\, \delta_i(T(U), V). \tag{2}$$

Sind E und F Hilberträume, so gilt sogar

$$\delta_i(T(U), V) = \alpha_i(T),$$

so daß man jede kompakte Abbildung $T \in \mathscr{L}(E, F)$ in der Form

$$Tx = \sum_I \delta_i(T(U), V)\,(x, u_i)\, v_i$$

darstellen kann mit vollständigen Orthonormalsystemen $\{u_i, i \in I\}$ bzw. $\{v_i, i \in I\}$ in E bzw. F.

1.1 Die *diametrale Dimension* $\Delta_{\mathfrak{U}}(E)$ eines lokalkonvexen Raumes E ist die Menge aller nicht wachsenden Folgen nicht negativer Zahlen δ_i, $i \in I$ mit der Eigenschaft, daß es zu jeder Nullumgebung $U \in \mathfrak{U}(E)$ eine Nullumgebung $V \in \mathfrak{U}(E)$ mit $V < U$ gibt, so daß für alle $i \in I$ gilt $\delta_i(V, U) \leqq \delta_i$. $\Delta_{\mathfrak{U}}(E)$ hat die im folgenden wichtige Verbandseigenschaft: Zu je zwei Folgen $\delta^{(1)}, \delta^{(2)} \in \Delta_{\mathfrak{U}}(E)$ gilt stets

$$\delta^{\inf} = [\inf\{\delta_i^{(1)}, \delta_i^{(2)}\}, I] \in \Delta_{\mathfrak{U}}(E),$$

$$\delta^{\sup} = [\sup\{\delta_i^{(1)}, \delta_i^{(2)}\}, I] \in \Delta_{\mathfrak{U}}(E),$$

denn sind für $U \in \mathfrak{U}(E)$ Nullumgebungen $V^{(k)} \in \mathfrak{U}(E)$ mit $\delta_i(V^{(k)}, U) \leqq \delta_i^{(k)}$, $k \in \{1, 2\}$ gefunden, so ist

$$\delta_i^{\inf}(V, U) \leqq \delta_i(V^{(k)}, U)$$

für jedes $V \in \mathfrak{U}(E)$ mit $V \subset V^{(1)} \cap V^{(2)}$.
Wir erwähnen hier (vgl. [2], [6])

Satz 1: Für zwei isomorphe lokalkonvexe Räume E und F gilt $\Delta_{\mathfrak{U}}(E) = \Delta_{\mathfrak{U}}(F)$.

Satz 2: Ist F ein abgeschlossener linearer Teilraum von E, so gilt $\Delta_{\mathfrak{U}}(E/F) \supset \Delta_{\mathfrak{U}}(E)$.

Satz 3: Ist E ein nuklearer lokalkonvexer Raum, F ein linearer Teilraum von E, so ist $\Delta_{\mathfrak{U}}(E) \subset \Delta_{\mathfrak{U}}(F)$.

Satz 4: Ein lokalkonvexer Raum E ist dann und nur dann höchstens n-dimensional, wenn es in $\Delta_{\mathfrak{U}}(E)$ eine Folge δ' gibt mit $\delta_n' = 0$.
Wir nennen eine Teilmenge $B_{\mathfrak{U}}(E)$ von $\Delta_{\mathfrak{U}}(E)$ eine *Basis der diametralen Dimension*, wenn es zu jedem $\delta \in \Delta_{\mathfrak{U}}(E)$ ein $\beta \in B_{\mathfrak{U}}(E)$ gibt mit $\beta_i \leqq \delta_i$ für alle $i \in I$.

Satz 5: Ist E ein metrischer lokalkonvexer Raum, so hat die diametrale Dimension von E eine abzählbare Basis.

Beweis: Sei $\mathfrak{U}(E) = \{U_n, n \in N\}$ eine abzählbare Nullumgebungsbasis von E. Für je zwei Nullumgebungen $U_m, U_n \in \mathfrak{U}(E)$ mit $U_m < U_n$ sei $b^{(m,n)} = \{\delta \in \Delta_{\mathfrak{U}}(E); \delta_i(U_m, U_n) \leqq \delta_i\}$. Sei $b_i^{(m,n)} = \inf\{\delta_i; \delta \in b^{(m,n)}\}$. Nun bestimmen wir eine Folge $\{\beta^{(m,n,k)}, k \in N\}$ mit $\inf\{\beta_i^{(m,n,k)}; k \in N\} = b_i^{(m,n)}$ für alle $i \in I$. Dann ist $B_{\mathfrak{U}}(E) = \{\beta^{(m,n,k)}; n, m, k \in N\}$ eine abzählbare Basis für $\Delta_{\mathfrak{U}}(E)$.

1.2 Als *duale diametrale Dimension* $\Delta_{\mathfrak{B}}(E)$ bezeichnen wir die Gesamtheit alle Zahlenfolgen $[\delta_i, I]$ mit der Eigenschaft: Zu jeder beschränkten Menge $A \in \mathfrak{B}(E)$ gibt es ein $B \in \mathfrak{B}(E)$ mit $A < B$, so daß für alle $i \in I$ gilt $\delta_i(A, B) \leqq \delta_i$.
Nach PIETSCH [6] heißt ein σ-quasitonnelierter Raum mit einem abzählbaren Fundamentalsystem beschränkter Mengen dualmetrisch. Wir erhalten dann

Satz 6: Ist E ein dualmetrischer Raum, so hat die duale diametrale Dimension von E eine abzählbare Basis.

1.3 Wir geben hier einige Beispiele an, die bei PIETSCH zu finden sind:

a) Für einen Potenzreihenraum Λ_{ϱ_0} mit charakteristischen Exponenten $\{\alpha_i\}$ und $\varrho_0 < \infty$ bzw. $\varrho_0 = \infty$ besteht die diametrale Dimension aus allen positiven Zahlenfolgen $[\delta_i, I]$ mit

$$\sup\{\delta_i^{-1} q^{\alpha_i}; i \in I\} < \infty$$

für alle bzw. für ein q zwischen 0 und 1.

b) Für einen nuklearen bzw. dualnuklearen Raum E gilt: Für alle Zahlen $\lambda > 0$ ist

$$[(i+1)^{-\lambda}, I] \in \Delta_{\mathfrak{U}}(E)$$

bzw.

$$[(i+1)^{-\lambda}, I] \in \Delta_{\mathfrak{B}}(E).$$

2.1 Im folgenden setzen wir stets voraus, daß E ein unendlich dimensionaler lokalkonvexer Raum ist.

Als *diametralen Folgenraum* $\Lambda_{\mathfrak{U}}(E)$ bezeichnen wir die Gesamtheit aller Zahlenfolgen $[\xi_i, I]$ mit

$$p_\delta [\xi_i, I] = \sum_I |\xi_i| \, \delta_i^{-1} < \infty$$

für $\delta \in \Delta_{\mathfrak{U}}(E)$. Nach den vorangehenden Bemerkungen ist es klar, daß $\Lambda_{\mathfrak{U}}(E)$ ein Folgenraum im Sinne von 0.2 ist.
In gleicher Weise definieren wir den *dualdiametralen Folgenraum* $\Lambda_{\mathfrak{B}}(E)$ als die Menge aller Zahlenfolgen $[\xi_i, I]$ mit

$$q_\delta [\xi_i, I] = \sum_I |\xi_i| \, \delta_i^{-1} < \infty$$

für $\delta \in \Delta_{\mathfrak{B}}(E)$.

Dann erhalten wir als einfache Folgerungen aus den in 1.1 und 1.2 aufgeführten Sätzen die Aussagen:

Satz 1': Ist E isomorph F, so ist $\Lambda_{\mathfrak{U}}(E) = \Lambda_{\mathfrak{U}}(F)$.

Satz 2': Ist F ein abgeschlossener Teilraum von E, so ist $\Lambda_{\mathfrak{U}}(E/F)$ ein linearer Teilraum von $\Lambda_{\mathfrak{U}}(E)$ mit stetiger Einbettung.

Satz 3': Ist E ein nuklearer Raum, F ein linearer Teilraum von E, so ist $\Lambda_{\mathfrak{U}}(F)$ ein linearer Teilraum von $\Lambda_{\mathfrak{U}}(E)$ mit stetiger Einbettung.

Satz 5': Ist E ein metrischer lokalkonvexer Raum, so ist $\Lambda_{\mathfrak{U}}(E)$ ein (F)-Raum.

Satz 6': Ist E ein dualmetrischer Raum, so ist $\Lambda_{\mathfrak{B}}(E)$ ein (F)-Raum.

Satz 7: Ist E nuklear bzw. dualnuklear, so ist $\Lambda_{\mathfrak{U}}(E)$ bzw. $\Lambda_{\mathfrak{B}}(E)$ ein linearer Teilraum von (s) mit stetiger Einbettung.

Satz 8: Ist E ein Potenzreihenraum von unendlichem Typus, so ist $\Lambda_{\mathfrak{U}}(E) = E$.

2.2 Wir geben nun eine Charakterisierung der nuklearen bzw. der dualnuklearen lokalkonvexen Räume durch ihren diametralen bzw. dualdiametralen Folgenraum an.

Satz 9: Ein lokalkonvexer Raum E ist dann und nur dann nuklear bzw. dualnuklear, wenn der diametrale bzw. der dualdiametrale Folgenraum von E nuklear ist.

Beweis:
Es sei E nuklear und $\mathfrak{U}_H(E)$ ein Fundamentalsystem von Nullumgebungen, so daß für $U \in \mathfrak{U}_H(E)$ die Räume $E'(U^0)$ Hilberträume sind. Zu $\delta \in \Delta_{\mathfrak{U}}(E)$ und $U \in \mathfrak{U}_H(E)$ bestimmt man ein $V \in \mathfrak{U}_H(E)$ mit $\delta_i(V, U) \leqq \delta_i$. Die kanonische Abbildung $E'(U^0, V^0)$ hat dann die Gestalt

$$E'(U^0, V^0)\, x = \sum_I \delta_i(V, U)\, (x, u_i) v_i$$

mit vollständigen Orthonormalsystemen $\{u_i, i \in I\}$ und $\{v_i, i \in I\}$.
Da $\{(i+1)^2 v_i, i \in I\}$ gleichstetig ist, ist

$$W^0 = \{x \in E', x = \sum_I \xi_i (i+1)^2 v_i, \sum_I |\xi_i|^2 \leqq 1\}$$

gleichstetig und $W^{00} = W$ ist eine Nullumgebung mit

$$\delta_i(W, U) \leqq (i+1)^{-2}\, \delta_i.$$

Daher gilt $[(i+1)^{-2} \delta_i, \mathrm{I}] \in \Lambda_{\mathfrak{U}}(E)$ und $\Lambda_{\mathfrak{U}}(E)$ ist nuklear.

Ist $\Delta_{\mathfrak{U}}(E)$ nuklear, so gibt es wegen (1) zu jedem $\delta \in \Delta_{\mathfrak{U}}(E)$ ein $\delta' \in \Delta_{\mathfrak{U}}(E)$ und ein $\mu \in \ell^1$ mit $\delta_i' \leqq \mu_i \delta_i$ für alle $i \in I$. Zu δ' finden wir ein $\delta'' \in \Delta_{\mathfrak{U}}(E)$ und ein $\mu'' \in \ell^1$ mit $\delta_i'' \leqq \mu_i' \mu_i'' \delta_i$. Nach Definition der diametralen Dimension gibt es zu jeder Nullumgebung $U \in \mathfrak{U}(E)$ ein $V \in \mathfrak{U}(E)$ mit $\delta_i(V, U) \leqq \delta_i''$. Also gilt wegen (2) für die kanonische Abbildung $E(V, U)$: $E(V) \to E(U)$

$$\sum_I \alpha_i(E(V, U)) \leqq \sum_I (i+1)\,\delta_i(V, U) \leqq \sup\{(i+1)\,\mu_i';\, i \in I\} \cdot \delta_0 \cdot \sum_I \mu_i'' < \infty$$

Damit haben wir zu jeder Nullumgebung U eine Nullumgebung V mit $V < U$ gefunden, so daß die kanonische Abbildung $E(V, U)$ vom Typus ℓ^1, also nuklear ist. Also ist E nuklear. Ebenso beweist man den zweiten Teil des Satzes.

Bis jetzt weiß man noch nicht, für welche lokalkonvexen Räume E die diametrale Dimension mit der diametralen Dimension des starken topologischen Duals E_b' übereinstimmt (vgl. Pietsch [6], Problem 9.2.6). Da es aber quasitonnelierte nukleare (nicht nukleare) Räume gibt, deren starker Dual nicht nuklear (nuklear) ist, folgt das

Korollar: Es gibt quasitonnelierte Räume mit $\Delta_{\mathfrak{U}}(E) \neq \Delta_{\mathfrak{U}}(E_b')$.

2.3 Wie von T. Komura und Y. Komura [4] gezeigt wurde, läßt sich jeder nukleare Raum isomorph in ein A-faches topologisches Produkt $(s)^A$ des Raumes (s) einbetten. Wir beweisen nun mit den gleichen Argumenten den

Satz 10: Ist E ein nuklearer lokalkonvexer Raum, so läßt sich E isomorph in ein A-faches topologisches Produkt $[\Delta_{\mathfrak{U}}(E)]^A$ des diametralen Folgenraumes von E einbetten.

Beweis: Es sei $\mathfrak{U}_H(E)$ ein Fundamentalsystem von Nullumgebungen U so, daß die Räume $\tilde{E}(U)$ und $E'(U^0)$ Hilberträume sind.
Zu $\delta \in \Delta_{\mathfrak{U}}(E)$ und $U \in \mathfrak{U}_H(E)$ bestimmen wir ein $V \in \mathfrak{U}_H(E)$ mit $U^0 < V^0$ und $\delta_i(V, U) \leqq \delta_i$, so daß die kanonische Abbildung $E'(U^0, V^0)$: $E'(U^0) \to E'(V^0)$ nuklear ist. Da $E'(U^0)$ und $E'(V^0)$ Hilberträume sind, können wir mit vollständigen Orthonormalsystemen $\{u_i, i \in I\}$ bzw. $\{v_i, i \in I\}$ in $E'(U^0)$ bzw. $E'(V^0)$ annehmen

$$E'(U^0, V^0)\,x = \sum_I \delta_i(V, U)\,(x, u_i)\,v_i.$$

Daher ist $p_{V^0}(u_i) = \delta_i(V, U) \leqq \delta_i$, und die Menge $\{\delta_i^{-1} u_i;\, i \in I\}$ ist gleichstetig in E'. In gleicher Weise finden wir zu $\hat{\delta} \in \Delta_{\mathfrak{U}}(E)$ ein $\hat{V}$ und eine Basis $\{\hat{u}_i;\, i \in I\}$ in $E'(U^0)$, so daß gilt

$$\{\hat{\delta}_i^{-1} \hat{u}_i;\, i \in I\} \subset \hat{V}^0$$

Dann ist aber auch $\{\hat{\delta}_i^{-1} u_i;\, i \in I\}$ gleichstetig.

Sei für alle $W \in \mathfrak{U}_H(E)$, $W \subset V \cap \hat{V}$, $\{p_{W^0}(\hat{\delta}_i^{-1} u_i),\, i \in I\}$ unbeschränkt. Dann gibt es eine monotone Teilfolge von natürlichen Zahlen i_n mit $p_{W^0}(\hat{\delta}_{i_n}^{-1} u_{i_n}) > n$, das heißt

$$p_{W^0}(u_{i_n})^2 = \sum_I \delta_i(W, U)^2 |(u_{i_n}, \tilde{u}_i)|^2 > n^2 \hat{\delta}_{i_n}^2$$

also ist

$$\sum_{n=1}^{\infty} p_W(u_{i_n})^2 = \sum_I \delta_i(W, U)^2 \sum_{n=1}^{\infty} |(u_{i_n}, \tilde{u}_i)|^2 > \sum_{n=1}^{\infty} n^2 \hat{\delta}_{i_n}^2.$$

Nun ist aber wegen

$$\sum_{n=1}^{\infty} |(u_{i_n}, \tilde{u}_i)|^2 \leqq 1 \quad \text{auch} \quad \sum_I \delta_i(W, U)^2 > \sum_{n=1}^{\infty} n^2 \hat{\delta}_{i_n}^2.$$

Das widerspricht aber der Tatsache, daß man zu jeder Zahl $r > 0$ ein $W \subset V \cap \hat{V}$ finden kann mit $\sum_I \delta_i(W, U)^2 \leqq r$. Daher gibt es ein $W \subset V \cap \hat{V}$ mit $\{\hat{\delta}_i^{-1} u_i$

$i \in I\} \subset W^0$.

Also ist die Menge $\{\delta_i^{-1} u_i; i \in I\}$ gleichstetig für alle $\delta \in \Delta_{\mathfrak{U}}(E)$. Nun wählen wir zu jedem $U_\alpha \in \mathfrak{U}_H(E)$ eine Basis $\{u_i^{(\alpha)}, i \in I\}$ mit der oben beschriebenen Eigenschaft. Sei $\{e_i; i \in I\}$, $e_j = [\delta_{ij}, I]$ die Basis in $[\Lambda_{\mathfrak{U}}(E)]'$. Dann sei $J_\alpha : \Lambda' \to E'$ definiert durch $J_\alpha e_i = u_i^{(\alpha)}$, Jedes J_α bildet eine gleichstetige Menge in Λ' in eine gleichstetige Menge in E' ab. Außerdem ist $J_\alpha^{(-1)}(U_\alpha^0)$ gleichstetig in Λ'. Deshalb ist die adjungierte Abbildung ${}^t J_\alpha : E(U_\alpha) \to \Lambda$ offen und die Abbildung ${}^t J_\alpha : E \to \Lambda$ ist stetig. Folglich ist die Abbildung

$$\prod_{\alpha \in A} {}^t J_\alpha : \prod_{\alpha \in A} E(U_\alpha) \to \Lambda^A$$

offen und die Abbildung

$$\prod_{\alpha \in A} {}^t J_\alpha : \prod_{\alpha \in A} E/p_{U_\alpha}^{-1}\{0\} \to \Lambda^A$$

ist stetig. Schließlich sind die zwei kanonischen Einbettungen

$$E \to \prod_{\alpha \in A} E(U_\alpha) \quad \text{und} \quad E \to \prod_{\alpha \in A} E/p_{U_\alpha}^{-1}\{0\}$$

Isomorphismen, so daß die Einbettung $E \to \Lambda^A$ ebenfalls ein Isomorphismus ist. Damit ist also gezeigt, daß sich E stets in ein Produkt seines diametralen Folgenraumes einbetten läßt.

Literaturverzeichnis

[1] Bessaga, C., A. Pelczynski and S. Rolewicz, Approximative dimension of linear topological spaces. Studia Math. 1, Seria specjalnaja 1 (1963), 27–29.

[2] Bessaga, C., A. Pelczynski and S. Rolewicz, On diametral approximative dimension and linear homogenity of F-spaces. Bull. Acad. Polon. sci. 9 (1961), 677–683.

[3] Grothendieck, A., Produits tensoriels topologiques et espaces nucléaires. Mem. AMS 16 (1955).

[4] Komura, T., und Y. Komura, Über die Einbettung der nuklearen Räume in $(s)^A$ Math. Ann. 162 (1966), 284–288.

[5] Köthe, G., Topologische lineare Räume. Springer 1960.

[6] Pietsch, A., Nukleare lokalkonvexe Räume. Akademie-Verlag, Berlin 1965.

DK 513.88

(Nr. 24 der Schriften des IIM · Serie A)

Dr. rer. nat. Christian Fenske

Rhein.-Westf. Institut für Instrumentelle Mathematik Bonn (IIM)

Lokales Fixpunktverhalten bei stetigen Abbildungen in kompakten konvexen Mengen

Inhalt

Einleitung

Gegenstand dieser Arbeit sind Fixpunktaussagen für stetige Abbildungen von kompakten konvexen Mengen in lokalkonvexen topologischen Vektorräumen in sich. Im endlich-dimensionalen Fall hat BROUWER [7] die Existenz eines Fixpunktes für stetige Abbildungen kompakter konvexer Mengen gezeigt.
Dieser Satz wurde von SCHAUDER [24] auf den Fall metrisierbarer lokalkonvexer Vektorräume verallgemeinert und schließlich von TYCHONOFF [25] auch ohne die Voraussetzung der Metrisierbarkeit bewiesen. Der Satz von SCHAUDER–TYCHONOFF lautet also: Sei E ein lokal-konvexer topologischer Vektorraum und $C \subset E$ eine nichtleere kompakte, konvexe Menge, $f: C \to C$ eine stetige Abbildung. Dann gibt es ein $x \in C$ mit $f(x) = x$.
Dieser Satz enthält also eine reine Existenzaussage und erlaubt zunächst keine Aussagen über die Anzahl oder Eigenschaften der Fixpunkte. Insbesondere ist der Beweis bereits im endlich-dimensionalen Fall nicht konstruktiv, vermittelt also erst recht kein gegen den Fixpunkt konvergentes Iterationsverfahren.
Von ganz anderer Art ist der Fixpunktsatz von BANACH [1], der besagt: Sei (X, d) ein vollständiger metrischer Raum, $f: X \to X$ stetig, und es gebe $k \in [0, 1)$, so daß für alle $x, y \in X$ $d(fx, fy) \leqq k \cdot d(x, y)$. Dann gibt es genau ein $x^* \in X$ mit $f(x^*) = x^*$. Überdies konvergiert mit einem beliebigen $x_0 \in X$ als Anfangswert die durch $x_{n+1} := f(x_n)$ definierte Picardsche Iterationsfolge gegen x^*.
In neuerer Zeit sind nun Fixpunktsätze, die sozusagen zwischen dem Schauderschen und dem Banachschen Satz liegen, gefunden worden. So hat BROWDER [12] gezeigt: Sei E ein gleichmäßig konvexer Banachraum, $C \subset E$ eine nichtleere konvexe, abgeschlossene und beschränkte Teilmenge von E, $f: C \to C$ stetig, und es sei für alle $x, y \in C$ $\|f(x) - f(y)\| \leqq \|x - y\|$. Dann gibt es ein $x \in C$ mit $f(x) = x$.
Schon das einfache Beispiel einer Spiegelung zeigt, daß in diesem Falle erstens mehrere Fixpunkte auftreten können und daß zweitens die Picardsche Iterationsfolge im allgemeinen nicht mehr konvergent sein wird. Setzt man f jedoch als kompakt voraus, so läßt sich wieder ein Iterationsverfahren finden, das gegen einen Fixpunkt konvergiert. KRASNOSEL'SKIJ [20] hat nämlich gezeigt: Sei E ein gleichmäßig konvexer Banachraum, C eine nichtleere konvexe, abgeschlossene und beschränkte Teilmenge von E, $f: C \to C$ eine stetige kompakte Abbildung, und es gelte für alle $x, y \in C$ $\|f(x) - f(y)\| \leqq \|x - y\|$. Sei $x_1 \in C$. Dann konvergiert das durch $x_{n+1} := \frac{1}{2}(x_n + f(x_n))$ festgelegte Iterationsverfahren gegen einen Fixpunkt von f. EDELSTEIN [15] hat gezeigt, daß es genügt, E als strikt normierten statt als gleichmäßig konvexen Banachraum vorauszusetzen.
In diesem Fall verfügt man also über keine Aussage über die genaue Anzahl der Fixpunkte. Andererseits aber folgt aus der Lipschitzbedingung für f, daß zumindest kein Fixpunkt abstoßend sein kann. Weiß man überdies, daß ein bestimmter Fixpunkt x^* isoliert ist, so gibt es eine Umgebung U von x^*, so daß für jeden in U gewählten Anfangswert das oben erwähnte Iterationsverfahren gegen x^* konvergiert.
Auf der anderen Seite hat wiederum BROWDER [10], [11] unter Voraussetzungen wie beim Schauderschen Fixpunktsatz weitergehende Ergebnisse erzielt, indem er zeigte, daß eine stetige Abbildung einer unendlich-dimensionalen kompakten konvexen Teilmenge eines Banachraumes in sich stets einen nicht lokal-abstoßenden Fixpunkt besitzen muß. (Genaue Definitionen hierzu finden sich im ersten Kapitel dieser Arbeit.) Diesen

Satz verallgemeinern wir im ersten Kapitel für lokal-konvexe topologische Vektorräume (an Stelle von Banachräumen) und zeigen, daß in gewissen Fällen wiederum isolierte nicht lokal-abstoßende Fixpunkte durch ein Iterationsverfahren erreicht werden können, wobei allerdings zu bemerken ist, daß dieses Iterationsverfahren nur von bestimmten Anfangswerten ausgehend konvergiert (die in praxi natürlich genausowenig bekannt sein werden wie der Fixpunkt selbst), und daß das Verfahren überdies im allgemeinen instabil ist. Im zweiten Kapitel wenden wir uns der Berechnung des Index für abstoßende Fixpunkte zu und führen diese Berechnung im Fall einer kompakten konvexen Teilmenge eines lokal-konvexen Vektorraumes auf die Berechnung des Index eines abstoßenden Fixpunktes einer stetigen Abbildung einer kompakten konvexen Menge im Hilbertraum ℓ^2 zurück. Im dritten Kapitel schließlich behandeln wir den Fall endlich-dimensionaler kompakter konvexer Mengen und gewinnen eine Aussage über die Existenz nicht-abstoßender Fixpunkte für (mehrwertige) oberhalbstetige Abbildungen solcher Mengen. Zum Schluß zeigen wir, daß ein auf dem Rand einer endlich-dimensionalen kompakten konvexen Menge gelegener abstoßender Fixpunkt einer stetigen Abbildung f ein unwesentlicher Fixpunkt einer geeigneten Iterierten von f ist.
Im zweiten und dritten Kapitel ziehen wir gelegentlich einige Ergebnisse aus der Theorie der simplizialen Komplexe und der Čechschen Homologietheorie heran; alle dabei benutzten Definitionen und Sätze sind dabei nach Möglichkeit explizit angegeben, wenn es sich auch um bekannte Tatsachen handelt.
Hervorgegangen ist diese Arbeit letztlich aus dem im Jahre 1965 veranstalteten Colloquium des Rheinisch-Westfälischen Instituts für Instrumentelle Mathematik über Fixpunkttheorie. Herr Professor Unger hat dann diese Arbeit angeregt und sie durch Ratschläge und Hinweise bis zum Ende gefördert. Es ist mir eine besondere Freude, meinem verehrten Lehrer an dieser Stelle meinen Dank aussprechen zu können.
Zum Schluß treffen wir noch einige Konventionen über übliche Bezeichnungsweisen: **Z**, **N**, **R**, **C** bezeichnen die Mengen der ganzen, positiven ganzen, reellen und komplexen Zahlen, I das Einheitsintervall $[0, 1]$, $\sim$ die mengentheoretische Differenz, $\mathcal{P}(M)$ die Potenzmenge einer Menge M, id die identische Abbildung und ℓ^2 den Hilbertraum der quadratsummierbaren Folgen reeller Zahlen. δ_{ij} bezeichnet wie immer das Kroneckersymbol. Ist X ein topologischer Raum, $A \subset X$, so bezeichnet ∂A den Rand von A. Ist $x \in X$, so bezeichnet $\mathcal{U}(x)$ die Menge aller Umgebungen von x. Im folgenden wird oft der Fall vorliegen, daß $X = C$ eine kompakte konvexe Teilmenge eines topologischen linearen Raumes ist. Um Weitläufigkeiten zu vermeiden, legen wir fest, daß wir in diesem Falle mit $\mathcal{U}(x)$ immer die Menge der Umgebungen von x in C mit der Relativtopologie bezeichnen. Sind $f, g: X \to Y$ stetige Abbildungen topologischer Räume, so schreiben wir $f \sim g$, wenn f und g homotop sind. Ist (X, d) ein metrischer Raum, $A \subset X$, so sei $\operatorname{diam}(A) := \sup_{x, y \in A} d(x, y)$. Im Falle des $\mathbf{R}^n$ bezeichnet $\| \; \|$ die übliche euklidische Norm.
Lineare Räume sind stets als **R**-lineare Räume verstanden. Ist E ein linearer Raum, so bezeichnet conv (A) die konvexe Hülle von $A \subset E$. Ist E ein topologischer linearer Raum, so bezeichnen wir mit E' den topologischen Dualraum. Klammern sind oft, auch wenn es sich um die Kennzeichnung von Argumenten irgendwelcher Abbildungen oder Funktoren handelt, fortgelassen.

Kapitel 1

Über die Existenz nicht-abstoßender Fixpunkte

In diesem Kapitel wollen wir zeigen, daß jede stetige Abbildung einer unendlich-dimensionalen kompakten konvexen Menge C in einem (nicht notwendig metrisierbaren) lokal-konvexen topologischen Vektorraum einen nicht-abstoßenden Fixpunkt besitzt.

Definition 1.1 (Browder [10], [11]) Sei X ein topologischer Raum, $f\colon X \to X$ stetig, $x_0 \in X$ heißt *abstoßender Fixpunkt von* $f :\Leftrightarrow x_0 = f x_0 \wedge \bigvee U \in \mathcal{U}(x_0) \bigwedge V \in \mathcal{U}(x_0) \bigvee k_0 \bigwedge k \geqq k_0\, f^k(C \sim V) \subset C \sim U$. $x_0 \in X$ heißt *lokal-abstoßender Fixpunkt von* $f\colon \Leftrightarrow x_0 = f x_0 \wedge \bigvee U \in \mathcal{U}(x_0) \bigwedge x \in U \sim \{x_0\} \bigvee k\, f^k(x) \in C \sim U$.
Wir wollen sogar die Existenz eines nicht lokal-abstoßenden Fixpunkts zeigen. Zum Beweis konstruieren wir durch Verallgemeinerung einer naheliegenden Methode von Dunford–Schwartz ([14], pp. 454, 455) eine lineare stetige Abbildung $H : C \to K$, wo K eine kompakte konvexe Menge in ℓ^2 ist, und eine Abbildung $f' : K \to K$, so daß

$$\begin{array}{ccc} C & \xrightarrow{\ f\ } & C \\ {\scriptstyle H}\downarrow & & \downarrow{\scriptstyle H} \\ K & \xrightarrow[\ f'\ ]{} & K \end{array}$$

kommutativ ist.

Wenn C nicht metrisierbar ist, kann H natürlich nicht injektiv sein. Dennoch werden wir zeigen, daß H und f' in jedem Falle so gewählt werden können, daß, wenn x ein lokal-abstoßender Fixpunkt von f ist, Hx ein lokal-abstoßender Fixpunkt von f' ist.

Nun hat Browder ([11]) gezeigt:

Satz 1.1 Sei E ein Banachraum, $K \subset E$ kompakt, konvex, unendlich-dimensional, $f\colon K \to K$ stetig, dann besitzt f einen nicht lokal-abstoßenden Fixpunkt.
Also finden wir einen Fixpunkt $x' \in K$, so daß $H^{-1}(\{x'\})$ keinen lokal-abstoßenden Fixpunkt enthält. Man sieht aber, daß in $H^{-1}(\{x'\})$ ein Fixpunkt enthalten sein muß, der folglich ein nicht lokal-abstoßender Fixpunkt von f ist.
Wir machen im folgenden ohne Erwähnung davon Gebrauch, daß auf kompakten Teilmengen von lokal-konvexen topologischen Vektorräumen die starke mit der schwachen Topologie übereinstimmt.

Definition 1.2 (Dunford–Schwartz, loc. cit.) Sei E ein lokal-konvexer topologischer Vektorraum, $C \subset E$ kompakt, $f\colon C \to C$ stetig, $F, G \subset E'$. Wir sagen: *G bestimmt F bezüglich* (C,f) genau dann, wenn gilt

$$\bigwedge \varphi \in F \bigwedge \varepsilon > 0 \bigvee \delta > 0 \bigvee \psi_1, \ldots, \psi_n \in G \bigwedge x, y \in C$$

$$x - y \in \bigcap_{i=1}^{n} \psi_i^{-1}(-\delta, \delta) \Rightarrow |\varphi f(x) - \varphi f(y)| < \varepsilon.$$

Wir nennen F *(C,f)-selbstbestimmend* genau dann, wenn gilt: F bestimmt F bezüglich (C,f).

Lemma 1.1 (ibid.) Sei E ein lokal-konvexer topologischer Vektorraum, $C \subset E$ kompakt, $f: C \to C$ stetig, $F, G \subset E'$, G bestimme F bezüglich (C, f). Seien $x, y \in C$. Dann gilt

$$(\bigwedge \psi \in G \; \psi x = \psi y) \Rightarrow \bigwedge \varphi \in F \; \varphi f(x) = \varphi f(y).$$

Beweis: Angenommen, $\varphi f x \neq \varphi f y$. Sei $\varepsilon := \frac{1}{2} |\varphi f x - \varphi f y|$. Nach der Voraussetzung des Lemmas ist sicher für alle $\delta > 0$ $x - y \in \bigcap_{\psi \in G} \psi^{-1}(-\delta, \delta)$, also, da F durch G bestimmt wird: $|\varphi f x - \varphi f y| < \varepsilon$. Widerspruch.

Satz 1.2 (ibid.) Sei E ein lokal-konvexer topologischer Vektorraum, $C \subset E$ kompakt, $f: C \to C$ stetig. Dann gilt:

1. Für jedes $\varphi \in E'$ gibt es eine abzählbare Familie $(\psi_n)_{n \in \mathbf{N}} \subset E'$, so daß $G := (\psi_n)_{n \in \mathbf{N}}$ φ bezüglich (C, f) bestimmt.
2. Für jede abzählbare Menge $F \subset E'$ gibt es eine abzählbare Menge $G \subset E'$, die F bezüglich (C, f) bestimmt.
3. Jede abzählbare Menge $F \subset E'$ ist in einer abzählbaren (C, f)-selbstbestimmenden Menge $G \subset E'$ enthalten.

Beweis: $\varphi \circ f: C \to \mathbf{R}$ ist gleichmäßig stetig, also gibt es für jedes $n \in \mathbf{N}$ ein $\delta_n > 0$ und eine endliche Teilmenge $\gamma_n \subset E'$, so daß $\bigwedge x, y \in C \;\; x - y \in \bigcap_{\psi \in \gamma_n} \psi^{-1}(-\delta_n, \delta_n)$

$$\Rightarrow |\varphi f x - \varphi f y| < \frac{1}{n}.$$

Setzen wir $G := \bigcup_{n \in \mathbf{N}} \gamma_n$, so wird φ von G bezüglich (C, f) bestimmt.

2. $\varphi \in F$ werde durch die abzählbare Menge $G_\varphi \subset E'$ bezüglich (C, f) bestimmt. Man setze $G := \bigcup_{\varphi \in F} G_\varphi$.

3. Wir definieren induktiv eine Folge abzählbarer Mengen $G_n \subset E'$: F werde bezüglich (C, f) durch G_1 bestimmt. Sei G_n definiert, dann wird G_{n+1} so gewählt, daß es G_n bezüglich (C, f) bestimmt. Man setze $G := F \cup \bigcup_{n \in \mathbf{N}} G_n$.

Lemma 1.2 (ibid.) Sei E ein lokal-konvexer topologischer Vektorraum, $C \subset E$ kompakt, $f: C \to C$ stetig, $G = (\varphi_i)_{i \in \mathbf{N}} \subset E'$ sei eine (C, f)-selbstbestimmende Familie, $\mu_i := i \cdot \max_{x \in C} |\varphi_i(x)|$, $\varphi_i' := \mu_i^{-1} \cdot \varphi_i$, $G' := (\varphi_i')_{i \in \mathbf{N}}$. Dann gilt: G' ist (C, f)-selbstbestimmend.

Beweis: Sei $\varphi_m' \in G'$, $\varepsilon > 0$. Dann gibt es $\delta > 0$ und $\varphi_{i_1}, \ldots, \varphi_{i_n} \in G$, so daß:

$$\bigwedge x, y \in C \;\; x - y \in \bigcap_{j=1}^{n} \varphi_{i_j}^{-1}(-\delta, \delta) \Rightarrow |\varphi_m f x - \varphi_m f y| < \mu_m \varepsilon.$$

Sei $\mu := \max_{j \in \{1, \ldots, n\}} \mu_{i_j}$.

$$\text{Nun } |\varphi_{i_j}'(x - y)| < \frac{\delta}{\mu} \Rightarrow |\varphi_{i_j}(x - y)| < \frac{\delta}{\mu} \mu_{i_j} \leqq \delta.$$

$$\text{Also } \bigwedge x, y \in C \;\; x - y \in \bigcap_{j=1}^{n} \varphi_{i_j}'^{-1}\left(-\frac{\delta}{\mu}, \frac{\delta}{\mu}\right) \Rightarrow |\varphi_m f x - \varphi_m f y| < \mu_m \varepsilon$$
$$\Rightarrow |\varphi_m' f x - \varphi_m' f y| < \varepsilon.$$

Lemma 1.3 (ibid.) Sei E ein lokal-konvexer topologischer Vektorraum, $C \subset E$ kompakt und konvex, $f: C \to C$ stetig, $G = (\varphi_i)_{i \in \mathbf{N}} \subset E'$ sei eine (C, f)-selbstbestimmende Familie mit $\bigwedge i \in \mathbf{N} \max_{x \in C} |\varphi_i(x)| \leqq \frac{1}{i}$. Sei $H: C \to \ell^2$, $Hx := (\varphi_i x)_{i \in \mathbf{N}}$.

Dann gilt:

1. H ist stetig und linear, also $K := H(C)$ kompakt und konvex.
2. $f' := HfH^{-1}$ ist einwertig und stetig und $\bigwedge n \in \mathbf{N}\; f'^n = Hf^n H^{-1}$.
3. Ist L der lineare Teilraum $\{x \in E \mid \sum_{i=1}^{\infty} (\varphi_i x)^2 < \infty\}$ von E, $H': L \to \ell^2$ die Abbildung mit $H'(x) := (\varphi_i x)_{i \in \mathbf{N}}$, $L' := H'(L)$, $\pi_i: \ell^2 \to \mathbf{R}$ die kanonische Projektion auf die i-te Koordinate, so ist $\pi_i | L' = \varphi_i \circ H'^{-1}$ und $\pi_i \circ H' = \varphi_i$.

Beweis:

1. Ist trivial.
2. Einwertigkeit: Sei $z' \in K$, $x, y \in C$ und $Hx = Hy = z'$. Zu zeigen ist $Hfx = Hfy$, d. h. $\bigwedge i \in \mathbf{N}\; \varphi_i f x = \varphi_i f y$. Wegen $H(x) = H(y)$ ist aber $\bigwedge i \in \mathbf{N}\; \varphi_i x = \varphi_i y$, also $Hfx = Hfy$ nach Lemma 1.1.

Stetigkeit: Sei $x_0' \in K$, $0 < \varepsilon < 1$. Man wähle $n_0 \in \mathbf{N}$, so daß $\sum_{i=n_0+1}^{\infty} \frac{1}{i^2} < \frac{\varepsilon^2}{3}$. G ist (C, f)-selbstbestimmend, also

$$\bigvee \delta > 0 \bigvee m \in \mathbf{N} \bigwedge x, y \in C\; (\bigwedge j \in \{1, \ldots, m\}\; |\varphi_j x - \varphi_j y| < \delta$$
$$\Rightarrow \bigwedge i \in \{1, \ldots, n_0\}\; |\varphi_i f x - \varphi_i f y| < \frac{\varepsilon}{\sqrt{3 n_0}}).$$

Sei $\|x' - x_0'\| < \delta$, $x, x_0 \in C$, so daß $x_0' = Hx_0$, $x' = Hx$, dann $\sum_{i=1}^{\infty} (x' - x_0')_i^2 = \sum_{i=1}^{\infty} (\varphi_i x - \varphi_i x_0)^2 < \delta^2$, also a fortiori $\bigwedge j \in \{1, \ldots, m\}\; |\varphi_j x - \varphi_j x_0| < \delta$ und somit $\bigwedge i \in \{1, \ldots, n_0\}\; |\varphi_i f x - \varphi_i f x_0| < \frac{\varepsilon}{\sqrt{3 n_0}}$. Also

$$\|f' x' - f' x_0'\|^2 = \| HfH^{-1} x' - HfH^{-1} x_0' \|^2 \leqq \sum_{i=1}^{n_0} |\varphi_i f x - \varphi_i f x_0|^2$$
$$+ 2 \sum_{i=n_0+1}^{\infty} \frac{1}{i^2} < \frac{\varepsilon^2}{3} + 2 \frac{\varepsilon^2}{3} = \varepsilon^2.$$

Schließlich zeigen wir durch Induktion $f'^n = Hf^n H^{-1}$. Für $n = 1$ ist das die Definition von f'. Sei also $(HfH^{-1})^n = Hf^n H^{-1}$. Dann $(HfH^{-1})^{n+1} = HfH^{-1}(HfH^{-1})^n = HfH^{-1} Hf^n H^{-1}$. Sei $x \in K$. Dann $\varnothing \neq f^n H^{-1} x \subset H^{-1} Hf^n H^{-1} x$, also $\varnothing \neq f^{n+1} H^{-1} x \subset f H^{-1} Hf^n H^{-1} x$ und somit $\varnothing \neq Hf^{n+1} H^{-1} x \subset (HfH^{-1})^{n+1} x$. Aber $(HfH^{-1})^{n+1} x$ ist ein einzelner Punkt, also $Hf^{n+1} H^{-1} x = (HfH^{-1})^{n+1} x$.

3. Sei $z' \in L'$, $z' = H'x = H'y$, $x, y \in L$, also $\bigwedge i \in \mathbf{N}\; \varphi_i x = \varphi_i y = \pi_i z'$. Also $\pi_i = \varphi_i \circ H'^{-1}$.

Definition 1.2 Sei E ein lokal-konvexer topologischer Vektorraum, $C \subset E$ kompakt, konvex, unendlich-dimensional, $f: C \to C$ stetig, $(U_i)_{i \in \mathbf{N}}$ sei eine Familie von Nullumgebungen in E. Für $x \in C$ sei $U_{i,x} := (x + U_i) \cap C$. Sei $G = (\varphi_i)_{i \in \mathbf{N}} \subset E'$. G heißt *passend zu* $(C, f, (U_i)_{i \in \mathbf{N}})$ genau dann, wenn:

1. G ist (C,f)-selbstbestimmend, und $\bigwedge i \in \mathbf{N} \max\limits_{x\in C} |\varphi_i x| \leqq \frac{1}{i}$.

2. Ist $H: C \to \ell^2$ die Abbildung mit $Hx := (\varphi_i x)_{i\in\mathbf{N}}$, so ist $K := H(C)$ unendlich-dimensional.

3. $\bigwedge i \in \mathbf{N} \bigwedge x \in C \;\; H(U_{i,x}) \in \mathscr{U}(Hx) \wedge H^{-1}H(U_{i,x}) = U_{i,x}$.

Lemma 1.4 Sei E ein lokal-konvexer topologischer Vektorraum, $C \subset E$ kompakt, konvex, unendlich-dimensional, $f: C \to C$ stetig. Seien $(\varepsilon_i)_{i\in\mathbf{N}}$ positive reelle Zahlen, $(F_i)_{i\in\mathbf{N}}$ endliche Teilmengen von E', $U_i := \bigcap\limits_{\varphi\in F_i} \varphi^{-1}(-\varepsilon_i, \varepsilon_i)$. Dann gilt: Es gibt $G = (\psi_i)_{i\in\mathbf{N}} \subset E'$, so daß G zu $(C, f, (U_i)_{i\in\mathbf{N}})$ paßt.

Beweis: Nach Satz 1.2 gibt es eine (C,f)-selbstbestimmende Familie $G' = (\psi_i')_{i\in\mathbf{N}} \subset E'$, die die abzählbare Familie $F := \bigcup\limits_{i\in\mathbf{N}} F_i$ enthält. Dann ist auch $G'' := (\psi_i'')_{i\in\mathbf{N}}$ mit $\psi_i'' := (i \cdot \max\limits_{x\in C} |\psi_i'(x)|)^{-1} \cdot \psi_i'$ (C,f)-selbstbestimmend. Sei $H'': C \to \ell^2$ die Abbildung mit $H''x := (\psi_i''(x))_{i\in\mathbf{N}}$. Ist $H''(C)$ unendlich-dimensional, so setze man für $i \in \mathbf{N}$: $\psi_i := \psi_i''$, $G := (\psi_i)_{i\in\mathbf{N}}$. Ist aber $H''(C)$ endlich-dimensional, so wähle man abzählbar viele linear unabhängige Vektoren $x_i \in C$ und abzählbar viele Funktionale $\chi_i \in E'$, so daß $\bigwedge i, j \in \mathbf{N} \; \chi_i(x_j) = \delta_{ij}$. Sei $\tilde{F} := (\chi_i)_{i\in\mathbf{N}}$. Man wähle wieder eine (C,f)-selbstbestimmende Familie $G' := (\psi_i')_{i\in\mathbf{N}}$, die F und $\tilde{F}$ enthält, und setze $\psi_i := (i \cdot \max\limits_{x\in C} |\psi_i'(x)|)^{-1} \cdot \psi_i'$, $G := (\psi_i)_{i\in\mathbf{N}}$.

Damit ist also in jedem Fall eine (C,f)-selbstbestimmende Familie G gefunden, so daß $H(C)$ unendlich-dimensional ist.

Sei nun $x \in C$, $x' := Hx$. Wir zeigen zunächst, daß für $i \in \mathbf{N}$ $H((x + U_i) \cap C)$ eine Umgebung von x' in K ist. Es war $U_i = \bigcap\limits_{\varphi\in F_i} \varphi^{-1}(-\varepsilon_i, \varepsilon_i)$. Sei $F_i := (\varphi_{i_1}, \ldots, \varphi_{i_n})$, dann gibt es $\sigma(1), \ldots, \sigma(n) \in \mathbf{N}$, so daß für $k \in \{1, \ldots, n\}$: $\psi_{\sigma(k)} = (\sigma(k) \cdot \max\limits_{x\in C} |\varphi_{i_k}(x)|)^{-1} \cdot \varphi_{i_k}$. Für $k \in \{1, \ldots, n\}$ sei $\mu_k := \sigma(k) \cdot \max\limits_{x\in C} |\varphi_{i_k}(x)|$. Nun

$$y \in (x + U_i) \cap C \Leftrightarrow y \in C \wedge y - x \in \bigcap_{k=1}^{n} \varphi_{i_k}^{-1}(-\varepsilon_i, \varepsilon_i)$$

$$\Leftrightarrow y \in C \wedge \bigwedge k \in \{1, \ldots, n\} \; \varphi_{i_k}(y) \in (\varphi_{i_k}(x) - \varepsilon_i, \varphi_{i_k}(x) + \varepsilon_i)$$

$$\Leftrightarrow y \in C \wedge \bigwedge k \in \{1, \ldots, n\} \; \mu_k^{-1}\varphi_{i_k}(y) \in (\mu_k^{-1}\varphi_{i_k}(x) - \mu_k^{-1}\varepsilon_i, \mu_k^{-1}\varphi_{i_k}(x) + \mu_k^{-1}\varepsilon_i)$$

$$\Leftrightarrow y \in C \wedge \bigwedge k \in \{1, \ldots, n\} \; \psi_{\sigma(k)}(y) \in (\psi_{\sigma(k)}(x) - \mu_k^{-1}\varepsilon_i, \psi_{\sigma(k)}(x) + \mu_k^{-1}\varepsilon_i)$$

$$\Leftrightarrow y \in \bigcap_{k=1}^{n} (\psi_{\sigma(k)} | C)^{-1}(\psi_{\sigma(k)}(x) - \mu_k^{-1}\varepsilon_i, \psi_{\sigma(k)}(x) + \mu_k^{-1}\varepsilon_i).$$

Also

$$H((x + U_i) \cap C) = H(\bigcap_{k=1}^{n} (\psi_{\sigma(k)} \mid C)^{-1}(\psi_{\sigma(k)}(x) - \mu_k^{-1}\varepsilon_i, \psi_{\sigma(k)}(x) + \mu_k^{-1}\varepsilon_i))$$

$$= H(\bigcap_{k=1}^{n} ((\pi_{\sigma(k)} \mid K) \circ H)^{-1}(\psi_{\sigma(k)}(x) - \mu_k^{-1}\varepsilon_i, \psi_{\sigma(k)}(x) + \mu_k^{-1}\varepsilon_i))$$

$$= H \circ H^{-1}(\bigcap_{k=1}^{n} (\pi_{\sigma(k)} \mid K)^{-1}(\psi_{\sigma(k)}(x) - \mu_k^{-1}\varepsilon_i, \psi_{\sigma(k)}(x) + \mu_k^{-1}\varepsilon_i))$$

$$= K \cap \bigcap_{k=1}^{n} \pi_{\sigma(k)}^{-1}(\psi_{\sigma(k)}(x) - \mu_k^{-1}\varepsilon_i, \psi_{\sigma(k)}(x) + \mu_k^{-1}\varepsilon_i)$$

$$= K \cap (x' + \bigcap_{k=1}^{n} \pi_{\sigma(k)}^{-1}(-\mu_k^{-1}\varepsilon_i, \mu_k^{-1}\varepsilon_i),$$

und das ist offensichtlich eine Umgebung von x' in K.

Schließlich ist noch

$$\begin{aligned}
H^{-1}H((x+U_i)\cap C) &= H^{-1}\Big(\bigcap_{k=1}^{n} (\pi_{\sigma(k)} \mid K)^{-1}(\psi_{\sigma(k)}(x)-\mu_k^{-1}\varepsilon_i,\ \psi_{\sigma(k)}(x)+\mu_k^{-1}\varepsilon_i)\Big)\\
&= \bigcap_{k=1}^{n} ((\pi_{\sigma(k)} \mid K)\circ H)^{-1}(\psi_{\sigma(k)}(x)-\mu_k^{-1}\varepsilon_i,\ \psi_{\sigma(k)}(x)+\mu_k^{-1}\varepsilon_i)\\
&= \bigcap_{k=1}^{n} (\psi_{\sigma(k)} \mid C)^{-1}(\psi_{\sigma(k)}(x)-\mu_k^{-1}\varepsilon_i,\ \psi_{\sigma(k)}+\mu_k^{-1}\varepsilon_i)\\
&= (x+U_i)\cap C.
\end{aligned}$$

Genauso zeigt man übrigens auch

$$H^{-1}\overline{(H(x+U_i)\cap C)} = (x+\overline{U}_i)\cap C,$$

indem man die offenen Intervalle durch abgeschlossene ersetzt und bedenkt, daß es sich um konvexe Mengen handelt.

Damit kommen wir zu

Satz 1.3 Sei E ein lokal-konvexer topologischer Vektorraum, $C \subset E$ kompakt, konvex, unendlich-dimensional, $f\colon C \to C$ stetig. Dann besitzt f einen nicht lokal-abstoßenden Fixpunkt $x_0 \in C$.

Beweis: Wenn f keinen lokal-abstoßenden Fixpunkt besitzt, folgt die Behauptung aus dem Satz von SCHAUDER–TYCHONOFF. Im andern Fall besitzt f höchstens endlich viele lokal-abstoßende Fixpunkte, diese seien genau $x_1, \ldots, x_n$. Wir sind fertig, wenn wir die Existenz eines weiteren Fixpunktes zeigen, der nicht unter $x_1, \ldots, x_n$ enthalten ist. Zunächst finden wir n endliche Teilmengen $F_1, \ldots, F_n \subset E'$ und positive reelle Zahlen $\varepsilon_1, \ldots, \varepsilon_n$, so daß mit $U_i := \bigcap_{\varphi \in F_i} \varphi^{-1}(-\varepsilon_i, \varepsilon_i)$ und $V_i := (x_i + U_i) \cap C$ gilt: $\bigwedge x \in V_i \sim \{x_i\} \bigvee k \in \mathbf{N}\, f^k(x) \in C \sim V_i$.
Nach Lemma 1.4 finden wir eine zu $(C, f, U_1, \ldots, U_n)$ passende Familie $G = (\varphi_i)_{i\in\mathbf{N}} \subset E'$. Wir setzen wieder $H\colon C \to \ell^2$, $Hx := (\varphi_i x)_{i\in\mathbf{N}}$, $x_i' := Hx_i$ für $i \in \{1, \ldots, n\}$, $K := H(C)$, $f' := HfH^{-1}$. Dann ist $f'\colon K \to K$ stetig und für $i \in \{1, \ldots, n\}$ ist $f'x_i' = Hfx_i = Hx_i = x_i'$. Wir behaupten: x_i' ist auch lokal-abstoßender Fixpunkt von f': Da G zu $(C, f, U_1, \ldots, U_n)$ paßt, ist $V_i' := H(V_i) \in \mathcal{U}(x_i')$, $H^{-1}(V_i') = V_i$. Wir behaupten: $\bigwedge x' \in V_i' \sim \{x_i'\} \quad \bigvee k \in \mathbf{N} \quad f'^k x' \in K \sim V_i'$. Nehmen wir an $\bigvee x' \in V_i' \sim \{x_i'\} \bigwedge k \in \mathbf{N}\, f'^k x' \in V_i'$. Wählen wir solch ein x', dann ist $\bigwedge k \in \mathbf{N}$ $Hf^kH^{-1}x' \in V_i'$, also $\bigwedge k \in \mathbf{N}\, f^kH^{-1}x' \subset H^{-1}Hf^kH^{-1}x' \subset H^{-1}V_i' = V_i$.
Sei nun $x \in V_i$ mit $Hx = x'$, dann ist $x \in V_i \sim \{x_i\}$, da $Hx_i = x_i' \neq x'$. Also: $\bigvee x \in V_i \sim \{x_i\} \bigwedge k \in \mathbf{N}\, f^k x \in V_i$ im Widerspruch dazu, daß x_i lokal-abstoßender Fixpunkt war.
Also sind $x_1', \ldots, x_n'$ lokal-abstoßende Fixpunkte von f'. Da $K \subset \ell^2$, besitzt f' nach dem zitierten Satz 1.1 von BROWDER einen weiteren (nämlich nicht lokal-abstoßenden) Fixpunkt $x_0' \notin \{x_1', \ldots, x_n'\}$. Also $f'x_0' = x_0'$, folglich $fH^{-1}x_0' \subset H^{-1}HfH^{-1}x_0' = H^{-1}x_0'$.
H ist stetig, also ist $H^{-1}(\{x_0'\})$ kompakt; H ist linear, also ist $H^{-1}(\{x_0'\})$ konvex; f bildet $H^{-1}(\{x_0'\})$ in sich ab. Nach dem Satz von SCHAUDER–TYCHONOFF besitzt f also einen Fixpunkt $x_0 \in H^{-1}(\{x_0'\})$. $x_0 \notin \{x_1, \ldots, x_n\}$, da wegen $Hx_i = x_i' \neq x_0'$ sogar $\{x_1, \ldots, x_n\} \cap H^{-1}(\{x_0'\}) = \varnothing$.

Mit x_0 ist also ein nicht lokal-abstoßender Fixpunkt gefunden.
Nachdem wir nun die Existenz eines nicht lokal-abstoßenden Fixpunktes gezeigt haben schließen wir noch eine einfache Bemerkung an:

Lemma 1.5 Sei E ein normierter Vektorraum, $C \subset E$ kompakt und konvex, $f: C \to C$ sei stetig und x^* ein isolierter nicht lokal-abstoßender Fixpunkt von f. f erfülle die folgende Linearitätsbedingung: es gibt eine konvexe Umgebung U von x^* in C, so daß gilt: $\bigwedge x, y \in U \bigwedge t \in I\, f(tx + (1-t)y) = tf(x) + (1-t)f(y)$. Sei V eine Umgebung von x^*. Dann gibt es ein $x \in V \sim \{x^*\}$, so daß mit $x_1 := x$ das durch $x_{n+1} := \frac{1}{n+1}(n \cdot x_n + f^{n+1}(x_1))$ festgelegte Iterationsverfahren gegen x^* konvergiert.

Beweis: Da x^* nicht lokal-abstoßend ist, gilt: $\bigwedge W \in \mathscr{U}(x^*)\ \bigvee x \in W \sim \{x^*\}$ $\bigwedge n \in \mathbf{N}\ f^n x \in W$.
Wählen wir also eine konvexe Umgebung W von x^*, so daß $W \subset U \cap V$ und x^* der einzige Fixpunkt von f in $\overline{W}$ ist. Dann gibt es $x \in W \sim \{x^*\}$, so daß für alle $n \in \mathbf{N}$ gilt $f^n x \in W$. Da W konvex ist, gilt $\bigwedge n \in \mathbf{N} \sim \{1\}\ x_n = \frac{1}{n}((n-1)\, x_{n-1} + f^n(x_1))$ $= \frac{1}{n}(f(x) + \cdots + f^n(x)) \in W$. Aus der Folge (x_n) können wir, da C kompakt ist, eine konvergente Teilfolge auswählen. Wegen der Linearitätsvoraussetzung über f gilt aber

$$\|f(x_n) - x_n\| = \frac{1}{n}\|f^{n+1}(x) - f(x)\| \leqq \frac{2 \cdot \operatorname{diam}(W)}{n}.$$

Ist daher (x_{n_j}) eine konvergente Teilfolge von (x_n) und $\tilde{x} = \lim x_{n_j}$, so ist $f(\tilde{x}) = \tilde{x}$ und $\tilde{x} \in \overline{W}$. Da aber x^* der einzige Fixpunkt von f in $\overline{W}$ ist, kann keine Teilfolge von (x_n) gegen einen anderen Grenzwert als x^* konvergieren; also ist (x_n) überhaupt eine konvergente Folge und $\lim (x_n) = x^*$.

Es sei bemerkt, daß die im Lemma angenommene Linearitätsvoraussetzung tatsächlich nicht entbehrt werden kann, wie das folgende Beispiel zeigen soll:

Beispiel 1.1 Sei $E = \mathbf{R}^2$ mit der euklidischen Norm und $C := \{x \in \mathbf{R}^2 \mid \|x\| \leqq 1\}$. Als $f: C \to C$ wählen wir die folgende Abbildung, die wir in Polarkoordinaten (r, φ) beschreiben:

Für $0 \leqq \varphi \leqq \frac{\pi}{8}$ sei

$$f(r, \varphi) := \begin{cases} \left(\left(-\frac{8\varphi}{\pi} + 2\right) \cdot r,\ 5\varphi + \pi\right) & \text{für } 0 \leqq r \leqq \frac{\pi}{2\pi - 8\varphi} \\ (1,\ 5\varphi + \pi) & \text{für } \frac{\pi}{2\pi - 8\varphi} \leqq r \leqq 1 \end{cases}$$

Für $\frac{\pi}{8} \leqq \varphi \leqq \frac{3\pi}{8}$ sei

$$f(r, \varphi) := \left(r, \varphi + \frac{3\pi}{2}\right)$$

Für $\frac{3\pi}{8} \leqq \varphi \leqq \frac{\pi}{2}$ sei

$$f(r,\varphi) := \begin{cases} \left(\left(\frac{8\varphi}{\pi} - 2\right) \cdot r,\ 6\pi - 11\varphi\right) & \text{für } 0 \leqq r \leqq \frac{\pi}{8\varphi - 2\pi} \\ (1,\ 6\pi - 11\varphi) & \text{für } \frac{\pi}{8\varphi - 2\pi} \leqq r \leqq 1 \end{cases}$$

Für $\frac{\pi}{2} \leqq \varphi \leqq \frac{3\pi}{2}$ sei

$$f(r,\varphi) := \begin{cases} (2r,\ \varphi) & \text{für } 0 \leqq r \leqq \frac{1}{2} \\ (1,\ \varphi) & \text{für } \frac{1}{2} \leqq r \leqq 1 \end{cases}$$

Für $\frac{3\pi}{2} \leqq \varphi \leqq \frac{13\pi}{8}$ sei

$$f(r,\varphi) := \begin{cases} \left(\left(-\frac{8\varphi}{\pi} + 14\right) \cdot r,\ 5\varphi - 6\pi\right) & \text{für } 0 \leqq r \leqq \frac{\pi}{14\pi - 8\varphi} \\ (1,\ 5\varphi - 6\pi) & \text{für } \frac{\pi}{14\pi - 8\varphi} \leqq r \leqq 1 \end{cases}$$

Für $\frac{13\pi}{8} \leqq \varphi \leqq \frac{15\pi}{8}$ sei

$$f(r,\varphi) := \left(r,\ \varphi + \frac{\pi}{2}\right)$$

Für $\frac{15\pi}{8} \leqq \varphi \leqq 2\pi$ sei

$$f(r,\varphi) := \begin{cases} \left(\left(\frac{8\varphi}{\pi} - 14\right) \cdot r,\ 5\varphi - 7\pi\right) & \text{für } 0 \leqq r \leqq \frac{\pi}{8\varphi - 14\pi} \\ (1,\ 5\varphi - 7\pi) & \text{für } \frac{\pi}{8\varphi - 14\pi} \leqq r \leqq 1. \end{cases}$$

Daß f stetig ist, verifiziert man durch Nachrechnen.
Ferner ist 0 ein isolierter und nicht lokal-abstoßender Fixpunkt von f; denn ist U eine Umgebung von 0, die in der Form $U = \{x \in C \mid \|x\| < \varrho\}$ angenommen werden kann, so gilt etwa für den Punkt $x_1 := \left(\frac{\varrho}{2}, \frac{\pi}{4}\right)$: $\bigwedge n \in \mathbf{N}\ f^n(x_1) \in U$, da $f^{2n}\left(\frac{\varrho}{2}, \frac{\pi}{4}\right) = \left(\frac{\varrho}{2}, \frac{\pi}{4}\right)$ und $f^{2n+1}\left(\frac{\varrho}{2}, \frac{\pi}{4}\right) = \left(\frac{\varrho}{2}, \frac{7\pi}{4}\right)$. Entsprechend haben überhaupt für jedes $x = (r, \varphi) \in C$ mit $\frac{\pi}{8} \leqq \varphi \leqq \frac{3\pi}{8}$ oder $\frac{13\pi}{8} \leqq \varphi \leqq \frac{15\pi}{8}$ alle Iterierten von x stets den Abstand r von 0, so daß also die im Lemma angegebene Iterationsfolge nicht gegen 0 konvergieren kann.
Zum andern ist natürlich klar, daß das Lemma 1.5 nur von Nutzen sein kann, wenn mit den dort gewählten Bezeichnungen gilt: $\bigwedge x \in V\ \bigwedge n \in \mathbf{N}\ f^n(x) \in V$, und zwar deshalb, weil das im Lemma angegebene Iterationsverfahren im allgemeinen instabil sein wird:

Beispiel 1.2 Sei $E = \mathbf{R}^2$, $C := I^2$,

$$f: I \times I \longrightarrow I \times I$$

$$(x^1, x^2) \longrightarrow \begin{cases} \left(\frac{x^1}{2}, 1\right) & \text{für } \frac{1}{2} \leqq x^2 \leqq 1 \\ \left(\frac{x^1}{2}, 2\,x^2\right) & \text{für } 0 \leqq x^2 \leqq \frac{1}{2} \end{cases}$$

$x^* = 0$ ist ein isolierter nicht lokal-abstoßender Fixpunkt von f.
Ist U eine Umgebung von x^*, so konvergiert das im Lemma angegebene Iterationsverfahren für alle Anfangswerte der Form $(x_1, 0)$ aus U gegen 0. Setzt man aber $x_1 := (x^1, \varepsilon)$ mit $\varepsilon \neq 0$, so konvergiert das Verfahren gegen (0, 1).

Kapitel 2

Die Semikomplexstruktur kompakter konvexer Mengen und der Index abstoßender Fixpunkte

In diesem Abschnitt wollen wir eine einfache Aussage über den Index eines abstoßenden Fixpunktes herleiten und auch die Berechnung des Index eines Fixpunktes für eine stetige Abbildung einer kompakten konvexen Menge in einem lokal-konvexen topologischen Vektorraum auf die Berechnung eines Index im Hilbertraum zurückführen. Als Vorbereitung soll jedoch zunächst gezeigt werden, daß überhaupt für stetige Abbildungen von kompakten konvexen Mengen in lokal-konvexen Räumen ein Index definiert werden kann, und zwar wollen wir genauer zeigen, daß der von Browder in [8] axiomatisch charakterisierte Index für solche Mengen erklärt ist. In Browders Terminologie müssen wir zeigen, daß eine kompakte konvexe Menge in einem lokal-konvexen topologischen Vektorraum ein »Semikomplex« ist (zur Definition vgl. unten), was wir der Genauigkeit halber explizit verifizieren werden. Wir sehen dann leicht, daß wir die Berechnung des Index auf den Fall einer kompakten konvexen Menge im Hilbertraum zurückführen können, was insofern von Interesse ist, als auf absoluten Nachbarschaftsretrakten (in Zukunft: ANR) – und eine kompakte konvexe Menge im Hilbertraum ist ein ANR – der Index durch die von Browder angegebenen Axiome eindeutig charakterisiert ist, insbesondere also mit dem von D. G. Bourgin ([3], [4], [5]) definierten Index übereinstimmt. In nicht-metrisierbaren lokal-konvexen topologischen Vektorräumen ist das a priori nicht klar, da in diesem Fall eine kompakte konvexe Menge kein ANR sein muß, wie z. B. E. Michael ([22]) gezeigt hat. Wir gehen dabei wieder wie im 1. Kapitel vor, indem wir, wenn wir der Kürze halber die dortigen Bezeichnungen übernehmen, zu $f: C \to C$ wieder $f': K \to K$, wo $K \subset \ell^2$, konstruieren. Da, wie wir zeigen, für f und f' entsprechende Indices übereinstimmen, läßt sich sagen, daß die lokalen Fixpunkteigenschaften von f sich in guter Weise in dem Fixpunktverhalten der auf einer Teilmenge des Hilbert-Parallelotops erklärten Abbildung f' widerspiegeln.
Auf den Fall endlich-dimensionaler kompakter konvexer Mengen, in dem sich weitergehende Aussagen gewinnen lassen, gehen wir im folgenden Kapitel ein.

Um die Definition des Fixpunktindex genau beschreiben zu können, erinnern wir zunächst an einige Definitionen und Sätze aus der Theorie der simplizialen Komplexe und der Čechschen Homologietheorie, die wir hier zusammenstellen, um später darauf zurückgreifen zu können und unsere Bezeichnungsweise klarzulegen.

Simpliziale Komplexe: Mit $\mathcal{K}$ bezeichnen wir die Kategorie der simplizialen Komplexe und simplizialen Abbildungen (insbesondere soll also die Schreibweise $f: K \to L \in \mathcal{K}$ stets besagen: K und L sind simpliziale Komplexe *und* f ist eine simpliziale Abbildung von K in L); unter simplizialen Komplexen verstehen wir dabei ausnahmslos endliche simpliziale Komplexe. Mit $\langle e_0, \ldots, e_n \rangle$ bezeichnen wir das Simplex mit den Ecken $e_0, \ldots, e_n$. Sei $K \in \mathcal{K}$, $q \in \mathbf{Z}$; mit $C_q K$ bezeichnen wir die q-te Kettengruppe von K (d. i. die von den q-Simplices von K erzeugte freie abelsche Gruppe). Dabei wollen wir Simplices als Elemente von K und als Erzeugende von $C_q K$ in der Bezeichnung nicht unterscheiden. Mit ∂ bezeichnen wir den Randoperator. Es sei $C(K) := \bigoplus_{q \in \mathbf{Z}} C_q K$.

Ist $f: K \to L \in \mathcal{K}$, so induziert f einen Homomorphismus $f_{\#}: C(K) \to C(L)$; wir schreiben f_q für $f_{\#} \mid C_q K$. Wann immer keine Verwechslung zu befürchten ist, schreiben wir f für $f_{\#}$.

Mit $H_q K$ bezeichnen wir die q-te Homologiegruppe in der simplizialen Homologietheorie (ausnahmslos mit Koeffizienten in $\mathbf{C}$) und bezeichnen wieder $H_* K := \bigoplus_{q \in \mathbf{Z}} H_q K$.

Ist $f: K \to L \in \mathcal{K}$, so bezeichnen wir mit $f_*: H_* K \to H_* L$ die induzierte Abbildung der Homologiegruppen und schreiben f_{*q} für $f_* \mid H_q K$.

Für $n \in \mathbf{N} \cup \{0\}$ bezeichnen wir mit $Sd^n K$ die n-te baryzentrische Unterteilung von K. Bezeichnen wir mit $|K|$ den K zugrunde liegenden topologischen Raum, so ist $|K| = |Sd^n K|$, und wir haben die von der Identität induzierte Abbildung $l_K^n: Sd^n K \to K$, die bezüglich der baryzentrischen Koordinaten linear ist, sowie die simpliziale Abbildung $\pi_K^n: Sd^n K \to K \in \mathcal{K}$: π_K^1 ordnet einer Ecke e von $Sd^1 K$ eine Ecke des Simplex von K zu, dessen Schwerpunkt e ist. π_K^n wird dann in natürlicher Weise induktiv definiert.

Schließlich haben wir den Unterteilungsoperator $Sd_K^n: C(K) \to C(Sd^n K)$, der jedem Simplex σ von K die Summe aller Simplices zuordnet, in die σ durch die Unterteilung »zerlegt« worden ist. Es ist

(2.1) $$Sd_{K*}^n \circ \pi_{K*}^n = \mathrm{id} \quad \text{und} \quad \pi_{K*}^n \circ Sd_{K*}^n = \mathrm{id}.$$

Seien $f, g: K \to L \in \mathcal{K}$. Wir nennen f und g *benachbart* genau dann, wenn für jedes Simplex σ von K $f(\sigma)$ und $g(\sigma)$ Seiten ein- und desselben Simplex von L sind. Offenbar sind benachbarte Abbildungen homotop.

Ist $K \in \mathcal{K}$, so ist $|K|$ metrisierbar, und zwar erhalten wir in natürlicher Weise eine Metrik ϱ, wenn wir setzen $\varrho(x,y) := \sqrt{\sum_{i=1}^{n} (t_i - s_i)^2}$, wo $x = \sum_{i=1}^{n} t_i e_i$, $y = \sum_{i=1}^{n} s_i e_i$, wobei die e_i Ecken von K sind, $\sum_{i=1}^{n} t_i = \sum_{i=1}^{n} s_i = 1$ und $t_i, s_i \in [0, 1]$. Ist e eine Ecke von K, so bezeichnen wir als $st(e)$, den »*offenen Stern*« von e, alle Punkte von K, die bezüglich e eine positive baryzentrische Koordinate besitzen.

Seien $K, L \in \mathcal{K}$, $f: |K| \to |L|$ stetig. $g: K \to L \in \mathcal{K}$ heißt *simpliziale Approximation von* f, wenn für alle $x \in |K|$ $g(x)$ in demjenigen Simplex von L liegt, dessen Inneres $f(x)$ enthält. (Daraus folgt sofort, daß f und g homotop sind.)

(2.2) Notwendig und hinreichend dafür, daß $g: K \to L \in \mathcal{K}$ eine simpliziale Approximation von $f: |K| \to |L|$ ist, ist, daß für jede Ecke e von K $f(st(e)) \subset st(g(e))$ gilt.

Es gilt der simpliziale Approximationssatz

Satz 2.1 Seien $K, L \in \mathcal{K}$, $f: |K| \to |L|$ stetig. Dann gibt es $n_0 \in \mathbf{N}$, so daß es für alle $n \geqq n_0$ eine simpliziale Approximation $g: Sd^n K \to L \in \mathcal{K}$ von f gibt.

(2.3) Sind $g, h: K \to L \in \mathcal{K}$ simpliziale Approximationen von $f: |K| \to |L|$, so sind g und h benachbart.

Schließlich gilt:

Satz 2.2 ([18]; I, 1.8.5) Seien, $K, L \in \mathcal{K}$, sei δ die Lebesguesche Zahl der Überdeckung von $|L|$ durch die Mengen $st(e)$, wo e die Ecken von L durchläuft; seien $f, g: |K| \to |L|$ stetig und $\max\limits_{x \in |K|} \varrho(f(x), g(x)) < \frac{\delta}{3}$. Dann gibt es $n \in \mathbf{N}$ und eine simpliziale Abbildung $h: Sd^n K \to L \in \mathcal{K}$, so daß h eine simpliziale Approximation sowohl von f als auch von g ist.

π_K^n zum Beispiel ist eine simpliziale Approximation von l_K^n.

Seien $K, L \in \mathcal{K}$. Ein *Kettenhomomorphismus* $f: C(K) \to C(L)$ ist eine Folge von Homomorphismen $f_q: C_q K \to C_q L$, $q \in \mathbf{Z}$, mit $f_q \circ \partial = \partial \circ f_{q+1}$.

Seien $f, g: C(K) \to C(L)$ Kettenhomomorphismen. Eine *Kettenhomotopie* D zwischen f und g (Bezeichnung: $D: f \cong g$) ist eine Folge von Homomorphismen $D_q: C_q K \to C_{q+1} L$, $q \in \mathbf{Z}$, so daß $\partial D_q + D_{q-1}\partial = g_q - f_q$.

Lemma 2.1 ([17]; VI, 3.2) Seien $f, g: K \to L \in \mathcal{K}$ benachbarte simpliziale Abbildungen. Dann sind die von ihnen induzierten Kettenhomomorphismen kettenhomotop, und zwar kann eine Kettenhomotopie $D: f \cong g$ so erzeugt werden: Sei $\sigma = \langle e_0, \ldots, e_q \rangle$ ein q-Simplex von K, dann ist $D_q\sigma := \sum\limits_{i=0}^{q} (-1)^i \langle f(e_0), \ldots, f(e_i), g(e_i), \ldots, g(e_q) \rangle$.

Čechsche Homologietheorie: Sei X ein kompakter topologischer Raum, $\mathrm{Cov}(X)$ die Menge der endlichen Überdeckungen von X durch offene Mengen, $\alpha, \beta \in \mathrm{Cov}(X)$. Wir schreiben $\alpha > \beta$ und nennen α *feiner* als β genau dann, wenn $\bigwedge U \in \alpha \ \bigvee V \in \beta \ U \subset V$.

Ist $\alpha \in \mathrm{Cov}(X)$, so definieren wir einen simplizialen Komplex N_α, den »*Nerv*« von α, indem wir jedem $U \in \alpha$ eine Ecke $\langle U \rangle_\alpha$ von N_α zuordnen und festsetzen: $\langle U_1 \rangle_\alpha, \ldots, \langle U_n \rangle_\alpha$ bilden ein Simplex $\langle U_1, \ldots, U_n \rangle_\alpha$ genau dann, wenn $U_1 \cap \ldots \cap U_n \neq \varnothing$.

Ist $\sigma = \langle U_1, \ldots, U_n \rangle_\alpha$ ein Simplex von N_α, so definieren wir als *Träger von* σ die Menge $\mathrm{Tr}(\sigma) := \bigcup\limits_{i=1}^{n} \bar{U}_i$. Ist $c = \sum\limits_{i=1}^{r} a_i \sigma_i \in C_n(N_\alpha)$, wo die σ_i Simplices von N_α sind, so definieren wir $\mathrm{Tr}(c) := \bigcup\limits_{\substack{i=1 \\ a_i \neq 0}}^{r} \mathrm{Tr}(\sigma_i)$.

Ist $\alpha > \beta$, so definieren wir eine simpliziale Abbildung $j_{\beta\alpha}: N_\alpha \to N_\beta \in \mathcal{K}$, indem wir als $j_{\beta\alpha}(\langle U \rangle_\alpha)$ eine Ecke $\langle V \rangle_\beta$ mit $U \subset V$ wählen. $j_{\beta\alpha}$ ist natürlich nicht eindeutig bestimmt, aber je zwei verschiedene Festlegungen ergeben benachbarte Abbildungen, die also dieselben Homomorphismen der Homologiegruppen induzieren. $(H_q N_\alpha, j_{\beta\alpha *})$ ist dann ein inverses System, und wir definieren die *q-te Čechsche Homologiegruppe von* X als den projektiven Limes: $\check{H}_q X := \varprojlim\limits_{\mathrm{Cov}\,X} (H_q N_\alpha, j_{\beta\alpha *})$ und setzen $\check{H}_* X := \bigoplus\limits_{q \in \mathbf{Z}} \check{H}_q X$.

Mit $p_\alpha : \check{H}_* X \to H_* N_\alpha$ bezeichnen wir die zu dem inversen System gehörige Projektion auf die »α-te Koordinatengruppe«.
Seien X, Y kompakte topologische Räume, $\beta \in \mathrm{Cov}(Y)$, $f : X \to Y$ stetig, dann definieren wir $f_\beta : N_{f^{-1}(\beta)} \to N_\beta \in \mathscr{K}$ (man beachte $f^{-1}(\beta) := \{f^{-1}(V) \mid V \in \beta\} \in \mathrm{Cov}(X)$!) als die von $\langle f^{-1}(V)\rangle \to \langle V \rangle$ erzeugte simpliziale Abbildung. Ist $\alpha \in \mathrm{Cov}(X)$, $\alpha > f^{-1}(\beta)$, so setzen wir $f_{\beta\alpha} := f_\beta \circ j_{f^{-1}(\beta)\alpha}$. Dann definieren die induzierten Homomorphismen $f_{\beta *} : H_* N_{f^{-1}(\beta)} \to H_* N_\beta$ einen Limeshomomorphismus $f_{\check{*}} : \check{H}_* X \to \check{H}_* Y$ der projektiven Limites $\check{H}_* X$ und $\check{H}_* Y$.
Ist wieder X ein kompakter topologischer Raum, $A \subset X$, $\alpha \in \mathrm{Cov}(X)$, so bezeichnen wir als *α-Stern von A* die Menge $\mathrm{St}(A, \alpha) := \bigcup_{\substack{U \in \alpha \\ U \cap A \neq \emptyset}} U$ und als $\mathrm{St}(\alpha)$ die Überdeckung $\{\mathrm{St}(U, \alpha) \mid U \in \alpha\} \in \mathrm{Cov}(X)$. Als $\bar{\alpha}$ bezeichnen wir die endliche Überdeckung $\{\bar{U} \mid U \in \alpha\}$ durch abgeschlossene Mengen.
Auf $\mathscr{K}$ stimmt die Čechsche mit der simplizialen Homologietheorie überein ([17]; IX, 9). Sei nämlich $K \in \mathscr{K}$; für jedes $n \in \mathbf{N} \cup \{0\}$ definieren wir eine Überdeckung $\tau_K^n \in \mathrm{Cov}(|K|)$ als die Menge der offenen Sterne $\mathrm{st}(e)$ (in $Sd^n K$) für alle Ecken e von $Sd^n K$.
Wir schreiben $\tau_K := \tau_K^0$. Wegen der eineindeutigen Zuordnung der Ecken e von $Sd^n K$ zu den offenen Sternen $\mathrm{st}(e)$ und da $\mathrm{st}(e_1) \cap \ldots \cap \mathrm{st}(e_n) \neq \emptyset$ genau dann, wenn $e_1, \ldots, e_n$ ein Simplex von $Sd^n K$ bilden, ist $Sd^n K = N_{\tau_K^n}$, dem Nerv der Überdeckung τ_K^n.

$(\tau_K^n)_{n \in \mathbf{N}}$ ist aber cofinal in $\mathrm{Cov}(|K|)$, also ist

(2.4) $\check{H}_*|K| = \varprojlim_{\mathbf{N}} (H_* N_{\tau_K^n})$ und wegen $H_* N_{\tau_K^n} = H_* Sd^n K = H_* K$ ist $\check{H}_*|K| \cong H_* K$, wobei der Isomorphismus durch die Projektion $p_{\tau_K^0}$ des projektiven Limes $\check{H}_*|K|$ auf $H_* N_{\tau_K^0} = H_* K$ gegeben wird, also $p_K := p_{\tau_K^0} : \check{H}_*|K| \xrightarrow{\cong} H_* K$.
Schließlich wollen wir noch die in der Čechschen und in der simplizialen Theorie induzierten Abbildungen f_* und $f_{\check{*}}$ vergleichen.

Lemma 2.2 Sei $f : K \to L \in \mathscr{K}$. Dann ist $p_L \circ f_{\check{*}} = f_* \circ p_K$.

Beweis: Wir zeigen, daß das folgende Diagramm kommutativ ist:

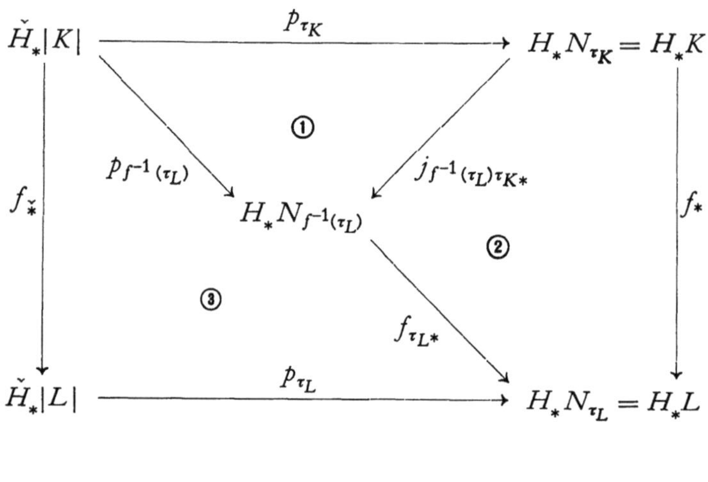

①: Zunächst ist $\tau_K > f^{-1}(\tau_L)$: Ist nämlich e eine Ecke von K, so ist $f(\mathrm{st}(e)) \subset \mathrm{st}(f(e))$, da f simplizial ist; also $\mathrm{st}(e) \subset f^{-1}(\mathrm{st}(e'))$, wo e' die Ecke $f(e)$ von L ist. Damit kann also erklärt werden: $j_{f^{-1}(\tau_L)\tau_K}(\langle \mathrm{st}(e)\rangle) := \langle f^{-1}(\mathrm{st}(f(e)))\rangle$.
Dann folgt die Kommutativität von ① aus den Eigenschaften des projektiven Limes ([17], VIII, 3.2).
②: Die Abbildungen in ② werden von simplizialen Abbildungen induziert; es genügt also, $f(e) = f_{\tau_L} \circ j_{f^{-1}(\tau_L)\tau_K}(e)$ für die Ecken e von K nachzuweisen. Der Ecke e von K entspricht aber die Ecke $\langle \mathrm{st}(e)\rangle$ von N_{τ_K}, und es ist

$$f_{\tau_L} \circ j_{f^{-1}(\tau_L)\tau_K}(\langle \mathrm{st}(e)\rangle) = f_{\tau_L}(\langle f^{-1}(\mathrm{st}(f(e)))\rangle) = \langle \mathrm{st}(f(e))\rangle.$$

Der Ecke $\langle \mathrm{st}(f(e))\rangle$ von N_{τ_L} entspricht aber die Ecke $f(e)$ von L. Die Kommutativität von ③ folgt wieder unmittelbar aus den Eigenschaften inverser Systeme (ibid., 3.11).
Lemma 2.3 Seien $K, L \in \mathscr{K}$, $f: |K| \to |L|$ stetig, $g: Sd^n K \to L \in \mathscr{K}$ eine simpliziale Approximation von f, dann ist $p_L \circ \check{f}_* = (g \circ Sd^n_K)_* \circ p_K$.

Beweis: f und g sind homotop, also $\check{f}_* = \check{g}_*$. Es genügt also, $p_L \circ \check{g}_* = (g \circ Sd^n_K)_* \circ p_K$ zu beweisen. Dazu zeigen wir die Kommutativität von

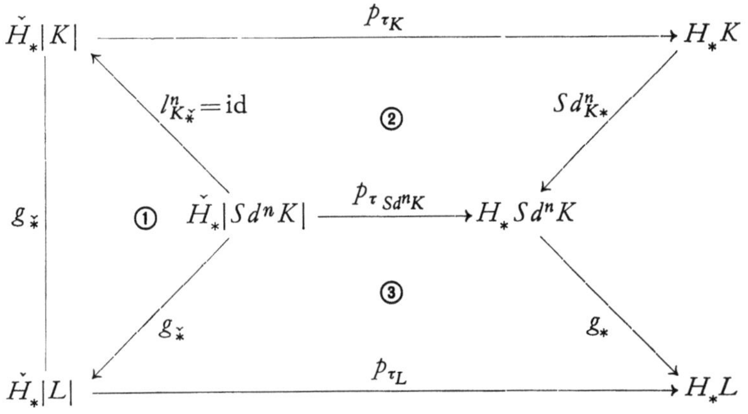

① ist natürlich kommutativ, da $l^n_K: |Sd^nK| \to |K|$ die Identität ist. ②: Nach Lemma 2.2 ist $\pi^n_{K*} \circ p_{\tau_{Sd^nK}} = p_{\tau_K} \circ \pi^n_{K\check{*}}$, da π^n_K simplizial ist. Also wegen (2.1):

$$p_{\tau_{Sd^nK}} = Sd^n_{K*} \circ \pi^n_{K*} \circ p_{\tau_{Sd^nK}} = Sd^n_{K*} \circ p_{\tau_K} \circ \pi^n_{K\check{*}}.$$

π^n_K ist aber eine simpliziale Approximation von l^n_K, also $\pi^n_{K\check{*}} = l^n_{K\check{*}}$, also ist ② kommutativ.

③ ist nach Lemma 2.2 kommutativ, da g simplizial ist.

Sei wieder X ein kompakter topologischer Raum, $\alpha \in \mathrm{Cov}(X)$. Eine stetige Abbildung $\varphi: X \to |N_\alpha|$ heißt *kanonisch* genau dann, wenn $\bigwedge U \in \alpha \;\; \varphi^{-1}(\mathrm{st}(\langle U\rangle_\alpha)) \subset U$.
(2.5) Ist $\beta \in \mathrm{Cov}(X)$, $\alpha > \beta$, $\varphi: X \to |N_\alpha|$ kanonisch, so ist $j_{\beta\alpha} \circ \varphi: X \to |N_\beta|$ kanonisch ([17], X, 11.6).

(2.6) Sind $\varphi_1, \varphi_2: X \to |N_\alpha|$ kanonisch, so sind φ_1 und φ_2 homotop (ibid., 11.7).

Lemma 2.4 Sei X ein kompakter topologischer Raum, $\alpha \in \mathrm{Cov}(X)$, $\varphi: X \to |N_\alpha|$ kanonisch. Dann ist $p_{N_\alpha} \circ \check{\varphi}_* = p_\alpha$.

Beweis: Zur Abkürzung bezeichnen wir $\tau_\alpha := \tau^0_{N_\alpha} = \{\mathrm{st}(\langle U\rangle_\alpha) \mid U \in \alpha\} \in \mathrm{Cov}(|N_\alpha|)$.
φ induziert eine Abbildung $\varphi_\alpha : N_{\varphi^{-1}(\tau_\alpha)} \to N_{\tau_\alpha} = N_\alpha \in \mathscr{K}$.
Da φ kanonisch ist, ist $\bigwedge U \in \alpha\ \varphi^{-1}(\mathrm{st}(\langle U\rangle_\alpha)) \subset U$, also $\varphi^{-1}(\tau_\alpha) > \alpha$. Also können wir $j_{\alpha\varphi^{-1}(\tau_\alpha)} : N_{\varphi^{-1}(\tau_\alpha)} \to N_\alpha \in \mathscr{K}$ definieren, indem wir der Ecke $\varphi^{-1}(\mathrm{st}(\langle U\rangle_\alpha))$ von $N_{\varphi^{-1}(\tau_\alpha)}$ die Ecke $\langle U\rangle_\alpha$ von N_α zuordnen. Das heißt aber gerade $\varphi_\alpha = j_{\alpha\varphi^{-1}(\tau_\alpha)}$.
Nun ist aber ([17]; VIII, 3.11) $\varphi_{\alpha *} \circ p_{\varphi^{-1}(\tau_\alpha)} = p_{N_\alpha} \circ \check{\varphi}_*$, da $\check{\varphi}_*$ die von den $\varphi_{\alpha *}$ induzierte Limesabbildung ist. Da aber (ibid., 3.2) $p_\alpha = j_{\alpha\varphi^{-1}(\tau_\alpha)*} \circ p_{\varphi^{-1}(\tau_\alpha)} = \varphi_{\alpha *} \circ p_{\varphi^{-1}(\tau_\alpha)}$, folgt $p_\alpha = p_{N_\alpha} \circ \check{\varphi}_*$.
Damit induzieren die kanonischen Abbildungen im wesentlichen (nämlich bis auf den Isomorphismus p_{N_α} der verschiedenen Homologiegruppen) dieselben Homomorphismen wie die Projektionen des projektiven Limes auf die Gruppen des inversen Systems.
Nach diesen Vorbereitungen kommen wir zur Definition des Index.

Definition 2.1 (Browder [8]): Gegeben sei eine Klasse $\mathscr{I}$ von topologischen Räumen X, für die gilt: $\check{H}_* X$ ist endlich erzeugt und für fast alle $q \in \mathbf{Z}$ ist $\check{H}_q X = 0$.
Wir sagen: auf $\mathscr{I}$ ist ein *Fixpunktindex* definiert, wenn für jedes $X \in \mathscr{I}$ und jede offene Menge $U \subset X$ und jede stetige Abbildung $f : \bar{U} \to X$, die auf dem Rand ∂U von U keine Fixpunkte besitzt, eine ganze Zahl $i(f, U)$ (der Fixpunktindex von f) erklärt ist, so daß gilt:

(Ind 1) Sei $F : \bar{U} \times I \to X$ eine Homotopie zwischen $f_0 = F(\cdot, 0)$ und $f_1 = F(\cdot, 1)$, so daß $\bigwedge x \in \partial U \bigwedge t \in I\ F(x, t) \neq x$, so ist $i(f_0, U) = i(f_1, U)$.
(Ind 2) Seien $U_1, \ldots, U_n$ offene, paarweise disjunkte Teilmengen von U, so daß f keinen Fixpunkt in $\bar{U} \sim \bigcup_{i=1}^{n} U_i$ besitzt, so ist $i(f, U) = \sum_{j=1}^{n} i(f, U_j)$.
Insbesondere ist also, wenn f in $\bar{U}$ keinen Fixpunkt besitzt, $i(f, U) = 0$.
(Ind 3) $i(f, X) = \sum_{j=0}^{\infty} (-1)^j \,\mathrm{Spur}\, \check{f}_{*j} =: \Lambda(f)$.
(Ind 4) Seien $X_1, X_2 \in \mathscr{I}$, $h : X_1 \to X_2$ stetig, $U_2 \subset X_2$ offen, $f : \bar{U}_2 \to X_1$ stetig, $U_1 := h^{-1}(U_2)$, $h \circ f$ ohne Fixpunkte auf ∂U_2. Dann ist $i(h \circ f, U_2) = i(f \circ h, U_1)$.

Weiter benötigen wir:

Definition 2.2 (loc. cit.) Sei X ein kompakter lokal-zusammenhängender topologischer Raum. Wir sagen: X ist ein *Semikomplex*, oder: auf X ist eine Semikomplexstruktur erklärt genau dann, wenn gilt:
Für jedes $\lambda \in \mathrm{Cov}(X)$ gibt es ein $\alpha_0 \in \mathrm{Cov}(X)$ und eine Familie C_λ von Kettenhomomorphismen $c_{\alpha\beta} : C(N_\beta) \to C(N_\alpha)$ für alle $\alpha > \beta > \alpha_0$, so daß gilt:

(S 1) Für $\alpha > \beta > \zeta > \alpha_0$ gibt es eine Kettenhomotopie $D_{\alpha\beta} : c_{\alpha\beta} \cong c_{\alpha\zeta} j_{\zeta\beta}$, so daß für jedes Simplex σ von N_β die Menge $\mathrm{Tr}(\sigma) \cup \mathrm{Tr}(c_{\alpha\beta}(\sigma)) \cup \mathrm{Tr}(D_{\alpha\beta}(\sigma))$ in einem Element von λ enthalten ist.
(S 2) Für $\xi > \alpha > \beta > \alpha_0$ gibt es eine Kettenhomotopie $D_{\alpha\beta} : c_{\alpha\beta} \cong j_{\alpha\xi} c_{\xi\beta}$, so daß für jedes Simplex σ von N_β die Menge $\mathrm{Tr}(\sigma) \cup \mathrm{Tr}(c_{\alpha\beta}(\sigma)) \cup \mathrm{Tr}(D_{\alpha\beta}(\sigma))$ in einem Element von λ enthalten ist.
(S 3) Für $\alpha > \beta > \alpha_0$ ist $(c_{\alpha\beta} j_{\beta\alpha})_*$ ein idempotenter Endomorphismus von $H_* N_\alpha$, dessen Bild gerade die Gruppe der Koordinaten von $\check{H}_* X$ in $H_* N_\alpha$ (also $p_\alpha(\check{H}_* X)$) ist.
(S 4) Wenn $\mu > \lambda$, so $C_\mu \subset C_\lambda$ und das zu μ zu wählende α_0 ist feiner als das zu λ zu wählende.

Wie BROWDER (loc. cit.) gezeigt hat, kann auf Semikomplexen X ein Fixpunktindex definiert werden: Sei $U \subset X$ offen, $f: X \to X$ stetig und ohne Fixpunkte auf ∂U. Für $\alpha \in \mathrm{Cov}(X)$ sei N'_α der Unterkomplex von N_α, der von den Ecken $\langle V \rangle_\alpha$ mit $V \subset U$ erzeugt wird.

Sei $q_\alpha: C(N_\alpha) \to C(N'_\alpha)$ die kanonische Projektion des Moduls $C(N_\alpha)$ auf den Untermodul $C(N'_\alpha)$. Für $\alpha, \beta \in \mathrm{Cov}(X)$ mit $\alpha > f^{-1}(\beta)$ sei $i_{\alpha\beta}(f, U) := \sum_{n=0}^{\infty} (-1)^n \mathrm{Spur}(q_\alpha c_{\alpha\beta} f_{\beta\alpha})_n$. Wie bei BROWDER (loc. cit.) gezeigt wird, gibt es $\alpha_0 \in \mathrm{Cov}(X)$, so daß für alle $\alpha, \beta \in \mathrm{Cov}(X)$ mit $\alpha, \beta > \alpha_0$, $\alpha > f^{-1}(\beta)$, sowie für jede Wahl der $c_{\alpha\beta}$ und der (in die Definition von $f_{\beta\alpha}$ eingehenden) $j_{f^{-1}(\beta)\alpha}$ der Wert von $i_{\alpha\beta}(f, U)$ derselbe ist. Diesen gemeinsamen Wert definiert man als $i(f, U)$, und er erfüllt die Axiome (Ind 1)–(Ind 4).

Sei nun E ein lokal-konvexer topologischer Vektorraum, $C \subset E$ kompakt und konvex, $\Omega := \mathrm{Cov}(C)$. Sei $\alpha = \{U_1, \ldots, U_n\} \in \Omega$, $\{u_1, \ldots, u_n\}$ sei eine zu α passende Zerlegung der **1**. Dann ist $\varphi_\alpha: C \to |N_\alpha|$ mit $\varphi_\alpha(x) := \sum_{i=1}^{n} u_i(x) \langle U_i \rangle_\alpha$ eine kanonische Abbildung.

In jedem der $U_i \in \alpha$ wähle man einen Punkt x_{U_i}, und es sei $i_\alpha: |N_\alpha| \to C$ die Abbildung mit $i_\alpha(\sum_{j=1}^{m} t_j \langle U_{i_j} \rangle_\alpha) = \sum_{j=1}^{m} t_j x_{U_{i_j}}$.

Sind $\alpha, \beta \in \Omega$, so ist $r_{\alpha\beta} := \varphi_\alpha \circ i_\beta: |N_\beta| \to |N_\alpha|$, also gibt es nach Satz 2.1 ein $n \in \mathbf{N}$ und eine simpliziale Abbildung $z_{\alpha\beta}: Sd^n N_\beta \to N_\alpha \in \mathscr{K}$, so daß $z_{\alpha\beta}$ eine simpliziale Approximation von $r_{\alpha\beta}$ ist. Sei $c_{\alpha\beta} := z_{\alpha\beta} \circ Sd^n_\beta$. Dabei haben wir, was wir auch in Zukunft tun wollen, Sd^n_β für $Sd^n_{N_\beta}$ geschrieben.

Für $\alpha > \beta$ erhalten wir somit eine Familie von Kettenabbildungen $c_{\alpha\beta}: C(N_\beta) \to C(N_\alpha)$, wenn wir zu jeder Wahl der Zerlegungen der **1** und der in den U_i zu wählenden Punkten sowie schließlich der simplizialen Approximationen eine Abbildung $c_{\alpha\beta}$ bestimmen.

Satz 2.3 Sei E ein lokal-konvexer topologischer Vektorraum, $C \subset E$ kompakt, konvex, nichtleer. Dann kann mit den oben angegebenen Abbildungen $c_{\alpha\beta}$ auf C eine Semikomplexstruktur erklärt werden.

Beweis: Sei $\lambda \in \Omega$ vorgegeben, dann wählen wir $\mu \in \Omega$ mit $\overline{\mathrm{St}^2 \mu} > \lambda$, sodann eine Überdeckung $\gamma \in \Omega$ durch konvexe Mengen mit $\gamma > \mu$ und schließlich $\alpha_0 \in \Omega$ mit $\mathrm{St}(\alpha_0) > \gamma$. Diese Wahlen sind sämtlich möglich, da C kompakt ist.

Seien nun $\alpha, \beta \in \Omega$, $\alpha > \beta > \alpha_0$, σ ein Simplex von N_β, etwa $\sigma = < B_0, \ldots, B_n >_\beta$, dann ist $\mathrm{Tr}(\sigma) \subset \overline{\mathrm{St}(B_0, \beta)} \subset \overline{\mathrm{St}(B_0, \alpha_0)} \subset \overline{C_0}$, wenn etwa $B_0 \subset A_0 \in \alpha_0$, $\mathrm{St}(A_0, \alpha_0) \subset C_0 \in \gamma$, $C_0 \subset M_0 \in \mu$, $\overline{\mathrm{St}^2(M_0, \mu)} \subset L_0 \in \lambda$. Also $\mathrm{Tr}(\sigma) \subset L_0$.

b_i sei der in $B_i (i \in \{0, \ldots, n\})$ gewählte Punkt (oben x_{B_i} genannt), dann ist $\{b_0, \ldots, b_n\} \subset \mathrm{St}(B_0, \beta) \subset C_0$. Da C_0 konvex ist, ist auch $i_\beta(\sigma) = \mathrm{conv}\{b_0, \ldots, b_n\} \subset C_0$.

Die Ecken der Simplices, in denen $\varphi_\alpha i_\beta(\sigma)$ liegt, gehören zu $\{\langle A \rangle_\alpha \mid A \cap C_0 \neq \varnothing\}$. Ist etwa $c_{\alpha\beta} = z_{\alpha\beta} Sd^p_\beta$, so liegen auch die Ecken der Simplices, in denen $z_{\alpha\beta} Sd^p_\beta(\sigma)$ liegt, in $\{\langle A \rangle_\alpha \mid A \cap C_0 \neq \varnothing\}$, da $z_{\alpha\beta}$ eine simpliziale Approximation von $\varphi_\alpha i_\beta$ ist, also: $\mathrm{Tr}(c_{\alpha\beta}\sigma) \subset \overline{\mathrm{St}(C_0, \alpha)} \subset \overline{\mathrm{St}(M_0, \alpha)} \subset \overline{\mathrm{St}(M_0, \mu)} \subset L_0$.

Es verbleibt also zu zeigen, daß die in (S 1) und (S 2) genannten $D_{\alpha\beta}$ existieren und daß $\mathrm{Tr}(D_{\alpha\beta}\sigma) \subset L_0$.

Zu (S 1): Sei also $\alpha > \beta > \zeta > \alpha_0$. Sei etwa $c_{\alpha\beta} = \chi_{\alpha\beta} \circ Sd^p_\beta$ und $c_{\alpha\zeta} = \chi_{\alpha\zeta} \circ Sd^q_\zeta$. Wir suchen also eine Kettenhomotopie $c_{\alpha\beta} \cong c_{\alpha\zeta} j_{\zeta\beta}$, d.h. $\chi_{\alpha\beta} \circ Sd^p_\beta \cong \chi_{\alpha\zeta} \circ Sd^q_\zeta \circ j_{\zeta\beta}$. Dazu definieren wir induktiv: $j_{\zeta^q\beta^q}: Sd^q N_\beta \to Sd^q N_\zeta \in \mathcal{K}$, indem wir $j_{\zeta^0\beta^0} := j_{\zeta\beta}$ setzen.

Ist $j_{\zeta^{r-1}\beta^{r-1}}$ definiert und

a) x Ecke sowohl von $Sd^r N_\beta$ als auch von $Sd^{r-1} N_\beta$, dann sei $j_{\zeta^r\beta^r}(x) := j_{\zeta^{r-1}\beta^{r-1}}(x)$.
b) x Schwerpunkt des Simplex τ von $Sd^{r-1} N_\beta$, so sei $j_{\zeta^r\beta^r}$ der Schwerpunkt von $j_{\zeta^{r-1}\beta^{r-1}}(\tau)$.

Zu $Sd^q N_\beta$, $Sd^q N_\zeta$ gehören nun Überdeckungen β^q, ζ^q mit $N_{\beta^q} = Sd^q N_\beta$, $N_{\zeta^q} = Sd^q N_\zeta$ und $Sd^q_\zeta \circ j_{\zeta\beta} = j_{\zeta^q\beta^q}$.

Damit suchen wir nun eine Kettenhomotopie $\chi_{\alpha\beta} \circ Sd^p_\beta \cong \chi_{\alpha\zeta} \circ j_{\zeta^q\beta^q} \circ Sd^q_\beta$ oder, wenn etwa $p > q$: $\chi_{\alpha\beta} \cong \chi_{\alpha\zeta} \circ j_{\zeta^q\beta^q} \circ \pi^{p-q}_\beta$, wobei wir π^{p-q}_β für $\pi^{p-q}_{N_\beta}$ geschrieben haben, was auch in Zukunft geschehen soll. Vor allem wollen wir uns erlauben, den unteren Index der Übersichtlichkeit halber bisweilen ganz fortzulassen.

Nun ist $\chi_{\alpha\beta}: |N_\beta| \to |N_\alpha|$ eine simpliziale Approximation zu $\varphi_\alpha i_\beta$, also $\varphi_\alpha i_\beta \sim \chi_{\alpha\beta}$; $\chi_{\alpha\zeta}: |N_\zeta| \to |N_\alpha|$ ist eine simpliziale Approximation von $\varphi_\alpha i_\zeta$, also $\varphi_\alpha i_\zeta \sim \chi_{\alpha\zeta}$, damit auch: $\varphi_\alpha \circ i_\zeta \circ j_{\zeta^q\beta^q} \circ \pi^{p-q}_\beta \sim \chi_{\alpha\zeta} \circ j_{\zeta^q\beta^q} \circ \pi^{p-q}_\beta$.

Da C konvex ist, ist aber $i_\beta \sim i_\zeta \circ j_{\zeta^q\beta^q} \circ \pi^{p-q}_\beta$, also auch $\chi_{\alpha\beta} \sim \varphi_\alpha \circ i_\beta \sim \varphi_\alpha \circ i_\zeta \circ j_{\zeta^q\beta^q} \circ \pi^{p-q}_\beta \sim \chi_{\alpha\zeta} \circ j_{\zeta^q\beta^q} \circ \pi^{p-q}_\beta$.

Sei etwa $H: |Sd^p N_\beta| \times I \to |N_\alpha|$ eine Homotopie mit $H(\cdot, 0) = \chi_{\alpha\beta}$ und $H(\cdot, 1) = \chi_{\alpha\zeta} \circ j_{\zeta^q\beta^q} \circ \pi^{p-q}_\beta$.

Sei $\delta > 0$ die Lebesguesche Zahl der Überdeckung von $|N_\alpha|$ durch alle Mengen $\mathrm{st}(e)$, wo e die Ecken von N_α durchläuft, und $\eta > 0$ so, daß $\bigwedge x \in |Sd^p N_\beta|$ $\bigwedge t, t' \in I$ $|t - t'| < \eta \Rightarrow \varrho(H(x,t), H(x,t')) < \dfrac{\delta}{3}$, wo ϱ die natürliche Metrik von $|N_\alpha|$ bezeichnet. Sei $m \in \mathbf{N}$, $m > \dfrac{1}{\eta}$. Für $i \in \{1, \ldots, m\}$ sei v_i eine (nach Satz 2.2 existierende) gemeinsame simpliziale Approximation von $H\left(\cdot, \dfrac{i-1}{m}\right)$ und $H\left(\cdot, \dfrac{i}{m}\right)$, etwa $v_i: Sd^{k_i} Sd^p N_\beta \to N_\alpha \in \mathcal{K}$. Dann gilt: für $i \in \{1, \ldots, m\}$ ist v_i wegen (2.3) benachbart zu v_{i-1}; v_1 ist eine simpliziale Approximation zu $\chi_{\alpha\beta}$; v_m ist eine simpliziale Approximation zu $\chi_{\alpha\zeta} \circ j_{\zeta^q\beta^q} \circ \pi^{p-q}_\beta$. $\chi_{\alpha\beta}$ und $\chi_{\alpha\zeta} \circ j_{\zeta^q\beta^q} \circ \pi^{p-q}_\beta$ sind aber simplizial, also sind $\chi_{\alpha\beta} \circ \pi^{k_1}$ und v_1 sowie $\chi_{\alpha\zeta} \circ j_{\zeta^q\beta^q} \circ \pi^{p-q}_\beta \circ \pi^{k_m}$ und v_m benachbart. Folglich existieren nach Lemma 2.1 Kettenhomotopien
$D_i: C_n(Sd^{k_i} Sd^p N_\beta) \to C_{n+1}(N_\alpha)$ für $i \in \{1, \ldots, m\}$, $n \in \mathbf{N} \cup \{0\}$, wobei

$$D_1:\ v \cong \chi_{\alpha\beta} \circ \pi^{k_1}$$

$$D_i: \begin{cases} v_i \cong v_{i-1} \circ \pi^{k_i - k_{i-1}} & \text{wenn } k_i \geqq k_{i-1} \\ v_i \circ \pi^{k_{i-1} - k_i} \cong v_{i-1} & \text{wenn } k_i \leqq k_{i-1} \end{cases} \qquad i \in \{2, \ldots, m-1\}$$

$$D_m: v_m \cong \chi_{\alpha\zeta} \circ j_{\zeta^q\beta^q} \circ \pi^{p-q}_\beta \circ \pi^{k_m},$$

wobei die D_i wie folgt definiert sind:

Wenn $\tau = \langle T_0, \ldots, T_n \rangle$ ein n-Simplex von $Sd^{k_i} Sd^p N_\beta$ ist, so sei $D_i(\langle T_0, \ldots, T_n \rangle) = \sum_{j=0}^{n} (-1)^j \langle v_i(T_0), \ldots, v_i(T_j), v_{i-1}\pi^{k_i - k_{i-1}}(T_j), \ldots, v_{i-1}\pi^{k_i - k_{i-1}}(T_n) \rangle$ für $i \in \{2, \ldots, m-1\}$ und falls $k_i \geqq k_{i-1}$ (was wir auch in Zukunft als typischen Fall ausführen) und ganz entsprechend für $k_i < k_{i-1}$ und für $i = 1$ und $i = m$.

Damit können wir dann $D' := \sum_{i=0}^{m} D_i \circ Sd^{k_i} : C_n Sd^p N_\beta \to C_{n+1} N_\alpha$ definieren und haben $D' : z_{\alpha\beta} \cong z_{\alpha\zeta} \circ j_{\zeta q\, \beta q} \circ \pi_\beta^{p-q}$ und erhalten schließlich die gesuchte Kettenhomotopie $D_{\alpha\beta} := D := D' \circ Sd_\beta^p : C_n(N_\beta) \to C_{n+1}(N_\alpha)$ mit $D : c_{\alpha\beta} \cong c_{\alpha\zeta} j_{\zeta\beta}$. Wir müssen zeigen: $D(\sigma) \subset L_0$ (mit den zu Anfang gewählten Bezeichnungen). Sei dazu $Sd^p \sigma = \sum_{k=1}^{r} \varepsilon_k \sigma_k'$, wo $\varepsilon_k \in \{-1, 1\}$, σ_k' Simplices von $Sd^p N_\beta$, und für $i \in \{1, \ldots, m\}$, $k \in \{1, \ldots, r\}$ sei analog $Sd^{k_i} \sigma_k' = \sum_{j=1}^{s(i,k)} \varepsilon_j \sigma''_{(i,k,j)}$, wo $\varepsilon_j \in \{-1, 1\}$, $\sigma''_{(i,k,j)}$ Simplices von $Sd^{k_i+p} N_\beta$. Sei $\sigma''_{(i,k,j)} = \langle B_0^{(i,k,j)}, \ldots, B_n^{(i,k,j)} \rangle$, dann ist

$$\mathrm{Tr}(D' \circ Sd_\beta \sigma) = \bigcup_{k=1}^{r} \mathrm{Tr}(D\sigma_k') = \bigcup_{k=1}^{r} \bigcup_{i=1}^{m} \mathrm{Tr}(D_i \circ Sd^{k_i} \sigma_k')$$

$$= \bigcup_{k=1}^{r} \bigcup_{i=1}^{m} \bigcup_{j=1}^{s(i,k)} \mathrm{Tr}(D_i \sigma''_{(i,k,j)})$$

$$\mathrm{Tr}(D' \circ Sd_\beta^p \sigma) = \bigcup_{k=1}^{r} \bigcup_{i=1}^{m} \bigcup_{j=1}^{s(i,k)} \bigcup_{l=0}^{n} \mathrm{Tr}\,(\langle v_i(B_0^{(i,k,j)}), \ldots, v_i(B_l^{(i,k,j)}),$$

$$(v_{i-1} \circ \pi^{k_i - k_{i-1}}(B_l^{(i,k,j)}), \ldots, v_{i-1} \circ \pi^{k_i - k_{i-1}}(B_n^{(i,k,j)}) \rangle]$$

Der auf $\bigcup_{l=0}^{n}$ folgende Ausdruck ist aber ein Simplex von N_α, also

$$\mathrm{Tr}\,(\langle v_i(B_0^{(i,k,j)}), \ldots, v_{i-1} \circ \pi^{k_i - k_{i-1}}(B_n^{(i,k,j)}) \rangle) \subset \overline{\mathrm{St}(\mathrm{Tr}(v_i(B_0^{(i,k,j)})), \alpha)},$$

und damit ist

$$\mathrm{Tr}(D' \circ Sd_\beta^p \sigma) \subset \bigcup_{k=1}^{r} \bigcup_{i=1}^{m} \bigcup_{j=1}^{s(i,k)} \overline{\mathrm{St}(\mathrm{Tr}(v_i(B_0^{(i,k,j)})), \alpha)}.$$

Nun ist $i_\beta(B_0^{(i,k,j)}) \in i_\beta(\sigma) \subset C_0$, und es ist auch $\pi_\beta^{p-q}(B_0^{(i,k,j)}) \in \sigma$. Sei $j_{\zeta\beta}(\langle B_0 \rangle_\beta) = \langle Z_0 \rangle_\zeta$, $Z_0 \cap A_0 \neq \varnothing$. Dann ist $i_\zeta \circ j_{\zeta q\, \beta q} \circ \pi_\beta^{p-q}(B_0^{(i,k,j)}) \subset C_0$.
Sei h die Homotopie zwischen i_β und $i_\zeta \circ j_{\zeta q\, \beta q} \circ \pi_\beta^{p-q}$; dann kann h als lineare Homotopie gewählt werden, da C konvex ist. Auch C_0 ist konvex, also

$\bigwedge t \in I\; h(B_0^{(i,k,j)}, t) \in C_0$ und deshalb $\bigwedge t \in I\;\; \varphi_\alpha \circ h(B_0^{(i,k,j)}, t) \in \varphi_\alpha(C_0)$.

$z_{\alpha\beta}$ ist eine simpliziale Approximation von $\varphi_\alpha i_\beta$, $z_{\alpha\zeta} \circ j_{\zeta q\, \beta q} \circ \pi_\beta^{p-q}$ von $\varphi_\alpha \circ i_\zeta \circ j_{\zeta q\, \beta q} \circ \pi_\beta^{p-q}$; die Ecken der Simplices, in denen $\varphi_\alpha \circ h(B_0^{(i,k,j)}, t)$ liegt, sind in $\{\langle A \rangle_\alpha \mid A \cap C_0 \neq \varnothing\}$ enthalten, also liegen in dieser Menge auch $z_{\alpha\beta}(B_0^{(i,k,j)})$ und $z_{\alpha\zeta} \circ j_{\zeta q\, \beta q} \circ \pi_\beta^{p-q}(B_0^{(i,k,j)})$. Da schließlich die Homotopien zwischen $z_{\alpha\beta}$ und $\varphi_\alpha i_\beta$ und zwischen $z_{\alpha\zeta} \circ j_{\zeta q\, \beta q} \circ \pi_\beta^{p-q}$ und $\varphi_\alpha \circ i_\zeta \circ j_{\zeta q\, \beta q} \circ \pi_\beta^{p-q}$ jeweils innerhalb eines Simplex verlaufen, liegen auch die Ecken der Simplices, in denen $\{H(B_0^{(i,k,j)}, t) \mid t \in I\}$ liegt, in $\{\langle A \rangle_\alpha \mid A \cap C_0 \neq \varnothing\}$. Damit ist

$$\bigwedge k \in \{1, \ldots, r\} \bigwedge i \in \{1, \ldots, m\} \bigwedge j \in \{1, \ldots, s(i,k)\} \bigwedge t \in I\; H(B_0^{(i,k,j)}, t) \in \varphi_\alpha(\mathrm{St}(C_0, \alpha)).$$

Nun liegt $H\left(B_0^{(i,k,j)}, \dfrac{i}{m}\right)$ in demselben Simplex von N_α wie $v_i(B_0^{(i,k,j)})$, also ist sicher

$$\bigwedge k \in \{1, \ldots, r\} \;\bigwedge i \in \{1, \ldots, m\} \;\bigwedge j \in \{1, \ldots, s(i, k)\}\;\; v_i(B_0^{(i,k,j)}) \in \varphi_\alpha(\mathrm{St}^2(C_0, \alpha)),$$

und damit erhalten wir

$$\mathrm{Tr}(D\sigma) \subset \overline{\mathrm{St}^2(C_0, \alpha)} \subset \overline{\mathrm{St}^2(M_0, \alpha)} \subset \overline{\mathrm{St}^2(M_0, \mu)} \subset L_0 \in \lambda.$$

Zu (S 2): Sei nun $\xi > \alpha > \beta > \alpha_0$ und wieder etwa $c_{\alpha\beta} = z_{\alpha\beta} \circ Sd^p_\beta$, $c_{\xi\beta} = z_{\xi\beta} \circ Sd^q_\beta$. Wir behaupten: $j_{\alpha\xi} \circ z_{\xi\beta}$ ist eine simpliziale Approximation zu $\varphi_\alpha \circ i_\beta$. Sei nämlich $x \in \langle B_1, \ldots, B_n \rangle_\beta$, $i_\beta(x) \in \bigcap_{i=1}^{r} X_i$ und $i_\beta(x) \in \bigcap_{i=1}^{s} A_i$, wo die $X_i \in \xi$, $A_i \in \alpha$. Wegen $\xi > \alpha$ gilt: $x \in X_i \Rightarrow x \in j_{\alpha\xi}(X_i)$. Nun ist $\varphi_\alpha i_\beta(x) \in \langle A_1, \ldots, A_s \rangle_\alpha$ und $\varphi_\xi i_\beta(x) \in \langle X_1, \ldots, X_r \rangle_\xi$. Da aber die $j_{\alpha\xi}\ \langle X_i \rangle_\xi$ für $i \in \{1, \ldots, r\}$ unter den $\langle A_1 \rangle_\alpha, \ldots, \langle A_s \rangle_\alpha$ vorkommen und da $z_{\xi\beta}$ eine simpliziale Approximation zu $\varphi_\xi i_\beta$ ist, also $z_{\xi\beta}(x) \in \langle X_1, \ldots, X_r \rangle_\xi$, muß auch $j_{\alpha\xi} z_{\xi\beta}(x) \in \langle j_{\alpha\xi}(\langle X_1 \rangle_\xi), \ldots, j_{\alpha\xi}(\langle X_r \rangle_\xi) \rangle_\alpha$ sein, was aber eine Seite von $\langle A_1, \ldots, A_r \rangle_\alpha$ ist.
Also ist $j_{\alpha\xi} z_{\xi\beta}$ eine simpliziale Approximation zu $\varphi_\alpha \circ i_\beta$; nach Definition war ebenfalls $z_{\alpha\beta}$ eine simpliziale Approximation von $\varphi_\alpha i_\beta$, also sind nach (2.3) $z_{\alpha\beta}$ und $j_{\alpha\xi} z_{\xi\beta}$ benachbart. Ist etwa $p \geqq q$, so sind auch $z_{\alpha\beta}$ und $j_{\alpha\xi} z_{\xi\beta} \pi_\beta^{p-q}$ benachbart, und es existiert folglich eine Kettenhomotopie $D' : C_n Sd^p N_\beta \to C_{n+1} N_\alpha$ mit $D' : z_{\alpha\beta} \cong j_{\alpha\xi} z_{\xi\beta} \pi_\beta^{p-q}$, wobei

$$D'(\langle T_0, \ldots, T_n \rangle) = \sum_{j=0}^{n} (-1)^j \langle z_{\alpha\beta}(T_0), \ldots, z_{\alpha\beta}(T_j), j_{\alpha\xi} z_{\xi\beta} \pi_\beta^{p-q}(T_j), \ldots$$
$$\ldots, j_{\alpha\xi} z_{\xi\beta} \pi_\beta^{p-q}(T_n) \rangle$$

ist für ein n-Simplex $\langle T_0, \ldots, T_n \rangle$ von $Sd^p N_\beta$.
Dann ist schließlich $D_{\alpha\beta} := D := D' \circ Sd^p_\beta : C_n N_\beta \to C_{n+1} N_\alpha$ die gesuchte Kettenhomotopie $D : c_{\alpha\beta} \cong j_{\alpha\xi} c_{\xi\beta}$.

Sei nämlich wieder $Sd^p \sigma = \sum_{i=1}^{r} \varepsilon_i \langle B_0^i, \ldots, B_n^i \rangle$, $\varepsilon_i \in \{-1, 1\}$, B_j^i Ecken von $Sd^p N_\beta$. Dann ist

$$\begin{aligned}\operatorname{Tr}(D' \circ Sd^p \sigma) &= \bigcup_{i=1}^{r} \operatorname{Tr}(D'(\langle B_0^i, \ldots, B_n^i \rangle)) \\ &= \bigcup_{i=1}^{r} \bigcup_{j=0}^{n} \operatorname{Tr}(\langle z_{\alpha\beta}(B_0^i), \ldots, z_{\alpha\beta}(B_j^i), j_{\alpha\xi} z_{\xi\beta}(B_j^i), \ldots, j_{\alpha\xi} z_{\xi\beta}(B_n^i) \rangle) \\ &\subset \bigcup_{i=1}^{r} \overline{\operatorname{St}(\operatorname{Tr}(z_{\alpha\beta}(B_0^i)), \alpha)}.\end{aligned}$$

Nun ist $i_\beta(B_0^i) \in i_\beta(\sigma) \subset C_0$, also liegt $\varphi_\alpha i_\beta(B_0^i)$ in der Menge aller Simplices von N_α mit Ecken $\langle A \rangle_\alpha$, für die $A \cap C_0 \neq \varnothing$. Da aber $z_{\alpha\beta}$ eine simpliziale Approximation von $\varphi_\alpha i_\beta$ ist, liegt $z_{\alpha\beta}(B_0^i)$ in derselben Menge, also

$$\operatorname{Tr}(D\sigma) = \operatorname{Tr}(D' \circ Sd^p \sigma) \subset \overline{\operatorname{St}^2(C_0, \alpha)} \subset L_0 \in \lambda.$$

Zu (S 3): Wir bemerken zuvor, daß $i_\beta \circ \varphi_\beta \sim$ id ist, da C konvex ist. Also ist $i_{\beta *} \circ \varphi_{\beta *} =$ id. Wir müssen zeigen: $c_{\alpha\beta *} j_{\beta\alpha *} : H_* N_\alpha \to H_* N_\alpha$ ist idempotent: Nach Lemma 2.3 und Lemma 2.4 ist $c_{\alpha\beta *} j_{\beta\alpha *} = p_{N_\alpha} r_{\alpha\beta *} p_{N_\beta}^{-1} j_{\beta\alpha *} = p_{N_\alpha} r_{\alpha\beta *} j_{\beta\alpha *} p_{N_\alpha}^{-1}$, also

$$\begin{aligned}c_{\alpha\beta *} j_{\beta\alpha *} c_{\alpha\beta *} j_{\beta\alpha *} &= p_{N_\alpha} r_{\alpha\beta *} j_{\beta\alpha *} r_{\alpha\beta *} j_{\beta\alpha *} p_{N_\alpha}^{-1} \\ &= p_{N_\alpha} r_{\alpha\beta *} j_{\beta\alpha *} \varphi_{\alpha *} i_{\beta *} j_{\beta\alpha *} p_{N_\alpha}^{-1} \\ &= p_{N_\alpha} r_{\alpha\beta *} \varphi_{\beta *} i_{\beta *} j_{\beta\alpha *} p_{N_\alpha}^{-1} \quad \text{denn wegen (2.5) und (2.6)} \\ &\quad\ \text{ist } j_{\beta\alpha} \varphi_\alpha \sim \varphi_\beta \\ &= p_{N_\alpha} \varphi_{\alpha *} i_{\beta *} \varphi_{\beta *} i_{\beta *} j_{\beta\alpha *} p_{N_\alpha}^{-1} \\ &= p_{N_\alpha} \varphi_{\alpha *} i_{\beta *} j_{\beta\alpha *} p_{N_\alpha}^{-1} \quad \text{da} \quad i_{\beta *} \varphi_{\beta *} = \text{id}. \\ &= p_{N_\alpha} r_{\alpha\beta *} j_{\beta\alpha *} p_{N_\alpha}^{-1} \\ &= c_{\alpha\beta *} j_{\beta\alpha *}.\end{aligned}$$

Schließlich ist zu zeigen: $c_{\alpha\beta *} j_{\beta\alpha *}(H_* N_\alpha) = p_\alpha(\check{H}_* C)$:

$$c_{\alpha\beta *} j_{\beta\alpha *}(H_* N_\alpha) = p_{N_\alpha} \varphi_{\alpha \check{*}}\, i_{\beta \check{*}}\, p_{N_\beta}^{-1} j_{\beta\alpha *}(H_* N_\alpha) \qquad \text{(Lemma 2.3)}$$

$$= p_\alpha(i_{\beta \check{*}}\, p_{N_\beta}^{-1} j_{\beta\alpha *}(H_* N_\alpha)) \qquad \text{(Lemma 2.4)}$$

$$\subset p_\alpha(\check{H}_* C)$$

Es bleibt also zu zeigen: $\bigwedge x \in \check{H}_* C \quad \bigvee y \in H_* N_\alpha \quad p_\alpha(x) = c_{\alpha\beta *} j_{\beta\alpha *}(y)$. Und das gilt, da man $y := p_\alpha(x)$ wählen kann:

$$c_{\alpha\beta *} j_{\beta\alpha *} p_\alpha(x) = c_{\alpha\beta *} p_\beta(x)$$

$$= p_{N_\alpha} \varphi_{\alpha \check{*}}\, i_{\beta \check{*}}\, p_{N_\beta}^{-1} p_\beta(x) \qquad \text{(Lemma 2.3)}$$

$$= p_{N_\alpha} \varphi_{\alpha \check{*}}\, i_{\beta \check{*}}\, \varphi_{\beta \check{*}}(x) \qquad \text{(Lemma 2.4)}$$

$$= p_{N_\alpha} \varphi_{\alpha \check{*}}(x) \qquad (i_{\beta \check{*}}\, \varphi_{\beta \check{*}} = \mathrm{id})$$

$$= p_\alpha(x) \qquad \text{(Lemma 2.4)}$$

Ohne genauer darauf einzugehen, wollen wir noch bemerken, daß aus einer Arbeit von DUGUNDJI [13] unmittelbar folgt, daß für endliche Überdeckungen α durch offene konvexe Mengen nicht nur $i_{\alpha \check{*}}\, \varphi_{\alpha \check{*}} = \mathrm{id}$, sondern auch $\varphi_{\alpha \check{*}}\, i_{\alpha \check{*}} = \mathrm{id}$ ist. Dann ist aber $\varphi_{\alpha \check{*}}$ ein Isomorphismus von $\check{H}_* C$ auf $H_* N_\alpha$, also sind $\check{H}_* C$ und $H_* N_\alpha$ isomorph, d. h. C besitzt beliebig feine Überdeckungen mit azyklischen Nerven, und überdies läßt sich dann sofort zeigen, daß kompakte konvexe Mengen nicht nur Semikomplexe, sondern sogar »Quasikomplexe« im Sinne von LEFSCHETZ [21] sind. Da wir von dieser Tatsache aber keinen Gebrauch machen, soll auch nicht weiter darauf eingegangen werden.

Sei nun E ein lokal-konvexer topologischer Vektorraum, $C \subset E$ kompakt, konvex und unendlich-dimensional, $f: C \to C$ eine stetige Abbildung, x_0 ein isolierter Fixpunkt von f, $U \in \mathscr{U}(x_0)$, so daß $\bigwedge x \in \bar{U} \sim \{x_0\}\ f(x) \neq x$. Dann ist, wie wir gesehen haben, $i(f, U)$ erklärt, und wir wollen nun die Berechnung von $i(f, U)$ auf die Berechnung eines Index im Hilbertraum zurückführen. Wir wählen $\varepsilon_1 > 0$ und eine endliche Teilmenge $F_1 \subset E'$, so daß $V := (x_0 + \bigcap_{\varphi \in F_1} \varphi^{-1}(-\varepsilon_1, \varepsilon_1)) \cap C \subset U$. Dann ist nach (Ind 2) $i(f, U) = i(f, V)$. Sodann gibt es nach der Definition des Index in Semikomplexen ein $\alpha_0 \in \mathrm{Cov}(C)$, so daß für alle $\alpha, \beta \in \mathrm{Cov}(C)$ mit $\alpha, \beta > \alpha_0$, $\alpha > f^{-1}(\beta)$ gilt: $i(f, V) = i_{\alpha\beta}(f, V)$. Wieder finden wir $\varepsilon_2, \varepsilon_3 > 0$ und endliche Teilmengen $F_2, F_3 \subset E'$, sowie Punkte $x_1, \ldots, x_a \in C$ und $y_1, \ldots, y_b \in C$, so daß, wenn $A := \bigcap_{\varphi \in F_2} \varphi^{-1}(-\varepsilon_2, \varepsilon_2)$ und $B := \bigcap_{\varphi \in F_3} \varphi^{-1}(-\varepsilon_3, \varepsilon_3)$, gilt:

$$\alpha := \{(x_i + A) \cap C \mid i \in \{1, \ldots, a,\}\}, \beta := \{(y_i + B) \cap C \mid i \in \{1, \ldots, b\}\}$$

sind Überdeckungen von C mit $\alpha, \beta > \alpha_0$ und $\alpha > f^{-1}(\beta)$. Dann finden wir $H: C \to \ell^2$ passend zu (C, f, A, B, V), so daß mit $x_i' = H(x_i)$, $y_i' = H(y_i)$, $A' := H(A)$, $B' := H(B)$, $V' := H(V)$, $K := H(C)$ gilt: $(x_i' + A') \cap K \in \mathscr{U}(x_i')$, $(y_i' + B') \cap K \in \mathscr{U}(y_i')$, $H^{-1}(A') = A$, $H^{-1}(B') = B$, $H^{-1}(V') = V$. Sei $\alpha' := \{(x_i' + A) \cap K \mid i \in \{1, \ldots, a\}\}$, $\beta' := \{(y_i' + B) \cap K \mid i \in \{1, \ldots, b\}\}$.

x_0' ist der einzige Fixpunkt von $f' := HfH^{-1}$ in $\bar{V}'$. Denn wenn für $x' \in \bar{V}' \sim \{x_0'\}$ $f'x' = x'$ ist, so enthält $H^{-1}(\{x'\})$ einen Fixpunkt von f. Aber $H^{-1}(\{x'\}) \subset H^{-1}(\bar{V}') = \bar{V}$, und f hat in $\bar{V}$ nur den Fixpunkt x_0.

Also ist $i(f', V')$ definiert. Nach der Definition des Index gibt es daher $\omega_0 \in \mathrm{Cov}(K)$, so daß für alle $\lambda', \mu' \in \mathrm{Cov}(K)$ mit $\lambda', \mu' > \omega_0$ und $\lambda' > f'^{-1}(\mu')$ gilt: $i(f', V') = i_{\lambda'\mu'}(f', V')$.
Wir wählen also konvexe Überdeckungen $\lambda', \mu' \in \mathrm{Cov}(K)$ mit: $\lambda' > \omega_0$, $\lambda' > \alpha'$, $\mu' > \omega_0$, $\mu' > \beta'$ und $\lambda' > f'^{-1}(\mu')$, und setzen $\lambda := H^{-1}(\lambda')$, $\mu := H^{-1}(\mu')$.
Dann sind $\lambda, \mu > \alpha_0$: Ist nämlich $L' \in \lambda'$, $L := H^{-1}(L')$, so gibt es wegen $\lambda' > \alpha'$ ein $A_i \in \alpha$ mit $L' \subset H(A_i) \in \alpha'$, also $H^{-1}(L') \subset H^{-1}H(A_i) = A_i$, da H passend zu A gewählt war. Also ist $\lambda > \alpha_0$ und ebenso $\mu > \alpha_0$.
Es ist auch $\lambda > f^{-1}(\mu)$: Sei wieder $L' \in \lambda'$, dann gibt es wegen $\lambda' > f'^{-1}(\mu')$ ein $M' \in \mu'$ mit $L' \subset f'^{-1}(M')$, also $H^{-1}(L') \subset H^{-1}f'^{-1}(M') = (f' \circ H)^{-1}(M') = (HfH^{-1}H)^{-1}(M') = (Hf)^{-1}(M')$, da $HfH^{-1}H = Hf$, also $H^{-1}(L') \subset f^{-1}H^{-1}(M')$, aber $H^{-1}(M') \in \mu$, also $\lambda > f^{-1}(\mu)$.
Damit ist nach Wahl von α_0: $i(f, V) = i_{\lambda\mu}(f, V)$. Wir wollen zeigen, daß $i(f, V) = i(f', V')$. Dazu genügt es offenbar, zu zeigen, daß $i_{\lambda\mu}(f, V) = i_{\lambda'\mu'}(f', V')$. Wir behaupten, es ist: $\bigwedge n \in \mathbf{N} \cup \{0\}$ $\mathrm{Spur}(q_\lambda c_{\lambda\mu} f_{\mu\lambda} j_\lambda)_n = \mathrm{Spur}(q_{\lambda'} c_{\lambda'\mu'} f'_{\mu'\lambda'} j_{\lambda'})_n$, wobei $j_\lambda : C(N'_\lambda) \to C(N_\lambda)$ die natürliche Injektion bezeichnet, ebenso $j_{\lambda'}$. Nun sind die simplizialen Komplexe N_λ und $N_{\lambda'}$, N'_λ und $N'_{\lambda'}$, N_μ und $N_{\mu'}$, $N_{f^{-1}\mu}$ und $N_{f'^{-1}\mu'}$ isomorph, und zwar sämtlich unter der Abbildung, die $\langle X \rangle$ in $\langle H(X) \rangle$ abbildet. Diese Abbildung, die die beiden Komplexe identifiziert, wollen wir für alle Komplexe kurz mit h bezeichnen.

Unsere Behauptung ist also gezeigt, wenn wir die Kommutativität von

$$\begin{array}{ccccccccccc}
C(N'_\lambda) & \xrightarrow{j_\lambda} & C(N_\lambda) & \xrightarrow{j_{f^{-1}(\mu)\lambda}} & C(N_{f^{-1}(\mu)}) & \xrightarrow{f_\mu} & C(N_\mu) & \xrightarrow{c_{\lambda\mu}} & C(N_\lambda) & \xrightarrow{q_\lambda} & C(N'_\lambda) \\
h\downarrow & ① & h\downarrow & ② & h\downarrow & ③ & h\downarrow & ④ & h\downarrow & ⑤ & \downarrow h \\
C(N'_{\lambda'}) & \xrightarrow[j_{\lambda'}]{} & C(N_{\lambda'}) & \xrightarrow[j_{f'^{-1}(\mu')\lambda'}]{} & C(N_{f'^{-1}(\mu')}) & \xrightarrow[f'_{\mu'}]{} & C(N_{\mu'}) & \xrightarrow[c_{\lambda'\mu'}]{} & C(N_{\lambda'}) & \xrightarrow[q_{\lambda'}]{} & C(N'_{\lambda'})
\end{array}$$

nachweisen.

Die Kommutativität von ①, ②, ③ und ⑤ ist trivial. Die Kommutativität von ④ erreichen wir durch geeignete Wahl der $c_{\lambda\mu}$ und $c_{\lambda'\mu'}$. In jedem $M \in \mu$ haben wir einen Punkt x_M zu wählen, und dann ist $i_\mu\left(\sum_{i=1}^{m} t_i \langle M_i \rangle_\mu\right) = \sum_{i=1}^{m} t_i x_{M_i}$. In $M' := H(M) \in \mu'$ wählen wir dann $x_{M'}$ als $x_{M'} := H(x_M)$. Wieder setzen wir $i_{\mu'}\left(\sum_{i=1}^{m} t_i \langle M'_i \rangle_{\mu'}\right) = \sum_{i=1}^{m} t_i x_{M'_i}$. Dann ist also

$$\begin{array}{ccc}
|N_\mu| & \xrightarrow{i_\mu} & C \\
h\downarrow & & \downarrow H \\
|N_{\mu'}| & \xrightarrow[i_{\mu'}]{} & K
\end{array}$$

kommutativ.

Zur Definition von $c_{\lambda'\mu'}$ müssen wir weiter eine zu $\lambda' = \{L'_1, \ldots, L'_m\}$ (wobei $L'_i = H(L_i)$) passende Zerlegung der $\mathbf{1}$, $\{\psi'_1, \ldots, \psi'_m\}$, wählen. Dann ist $\varphi_{\lambda'} : K \to |N_{\lambda'}|$, $\varphi_{\lambda'}(x') = \sum_{i=1}^{m} \psi'_i(x') \langle L'_i \rangle_{\lambda'}$. Dann definieren wir für $i \in \{1, \ldots, m\}$: $\psi_i := \psi'_i \circ H$:

$C \to I$. $\{\psi_1, \ldots, \psi_m\}$ ist dann eine zu $\lambda = \{L_1, \ldots, L_m\}$ passende Zerlegung der **1**. Wir setzen $\varphi_\lambda : C \to |N_\lambda|$, $\varphi_\lambda(x) := \sum_{i=1}^{m} \psi_i(x) \langle L_i \rangle_\lambda$. Dann ist offenbar

$$\begin{array}{ccc} C & \xrightarrow{\varphi_\lambda} & |N_\lambda| \\ {\scriptstyle H}\downarrow & & \downarrow{\scriptstyle h} \\ K & \xrightarrow[\varphi_{\lambda'}]{} & |N_{\lambda'}| \end{array}$$

kommutativ. Damit ist

$$\begin{array}{ccc} |N_\mu| & \xrightarrow{\varphi_\lambda \circ i_\mu} & |N_\lambda| \\ {\scriptstyle h}\downarrow & & \downarrow{\scriptstyle h} \\ |N_{\mu'}| & \xrightarrow[\varphi_{\lambda'} \circ i_{\mu'}]{} & |N_{\lambda'}| \end{array}$$

kommutativ, und somit finden wir, da $N_\mu \cong N_{\mu'}$, $N_\lambda \cong N_{\lambda'}$, simpliziale Approximationen $z_{\lambda\mu} : S d^p N_\mu \to N_\lambda$ und $z_{\lambda'\mu'} : S d^p N_{\mu'} \to N_{\lambda'}$, so daß

$$\begin{array}{ccc} S d^p N_\mu & \xrightarrow{z_{\lambda\mu}} & N_\lambda \\ \downarrow & & \downarrow{\scriptstyle h} \\ S d^p N_{\mu'} & \xrightarrow[z_{\lambda'\mu'}]{} & N_{\lambda'} \end{array}$$

kommutativ ist.

Setzen wir $c_{\lambda\mu} = z_{\lambda\mu} S d^p_\mu$, $c_{\lambda'\mu'} = z_{\lambda'\mu'} S d^p_{\mu'}$, so wird schließlich auch ④ kommutativ. Damit ist also schließlich $i(f, V) = i(f', V')$.

Lemma 2.5 Sei E ein normierter Vektorraum, $C \subset E$ kompakt, konvex, unendlichdimensional, $f: C \to C$ stetig, $x_0 \in C$ ein abstoßender Fixpunkt von f, $U \in \mathcal{U}(x_0)$, so daß $\bigwedge V \in \mathcal{U}(x_0) \bigvee k_0 \bigwedge k \geqq k_0$ $f^k(C \sim V) \subset C \sim \bar{U}$. Dann gilt: $\bigvee n_0 \in \mathbf{N} \bigwedge n \geqq n_0$ $i(f^n, U) = 0$.

Beweis: Nach Klee [19] gibt es einen Homöomorphismus $h: C \to C$, so daß $x_0' := h(x_0)$ Extremalpunkt von C ist. Da h ein Homöomorphismus ist, folgt aus (Ind 4): $\bigwedge n \in \mathbf{N}$ $i(f^n, U) = i(hf^n h^{-1}, h(U))$.
Sei $f' := hfh^{-1}$. Dann ist für alle $n \in \mathbf{N}$ x_0' der einzige Fixpunkt von f'^n in $U' := h(U)$.
Wir wählen $V' \in \mathcal{U}(x_0')$ mit $V' \subset \bar{V}' \subset U'$, so daß $C \sim V'$ konvex ist. Das ist möglich, da x_0' ein Extremalpunkt ist. Dann bestimmen wir $n_0 \in \mathbf{N}$ so, daß $\bigwedge n \geqq n_0$ $f'^n(C \sim V') \subset C \sim \bar{U}'$.
Für $n \geqq n_0$ liegt kein Fixpunkt von f'^n auf $\partial V'$, da $\partial V' \subset C \sim V'$ und $f'^n(\partial V') \subset C \sim U'$.
C ist konvex, also azyklisch, und daher ist für alle $n \in \mathbf{N}$ $\Lambda(f'^n) = 1$. Nach (Ind 2) und (Ind 3) ist aber $1 = \Lambda(f'^n) = i(f'^n, C) = i(f'^n, V') + i(f'^n, C \sim \bar{V}')$.
Es ist aber $f'^n(C \sim \bar{V}') \subset f'^n(C \sim V') \subset C \sim U' \subset C \sim \bar{V}' \subset C \sim V'$.
Da C ein ANR ist, stimmt auf C der von Browder definierte Index mit dem von Bourgin ([3], [4], [5]) definierten überein; für den letzteren gilt aber (Bourgin [4]): $i(f'^n, C \sim \bar{V}') = \Lambda(f'^n \mid C \sim V')$. Wiederum ist aber $\Lambda(f'^n \mid C \sim V') = 1$, da $C \sim V'$ konvex ist. Also ist für alle $n \geqq n_0 : i(f'^n, V') = 0$. Mit $V := h^{-1}(V')$ ist

dann auch (nach (Ind 4)) $i(f^n, V) = 0$. Da in $U \sim V$ keine Fixpunkte von f^n liegen, ist schließlich nach (Ind 2): $\bigwedge n \geqq n_0\, i(f^n, U) = 0$.

Mit Hilfe von Lemma 1.4 werden wir nun zeigen, daß in dem obigen Lemma statt eines normierten Vektorraumes nur ein lokal-konvexer topologischer Vektorraum verlangt werden muß.

Satz 2.4 Sei E ein lokal-konvexer topologischer Vektorraum, $C \subset E$ kompakt, konvex, unendlich-dimensional, $f: C \to C$ stetig, $x_0 \in C$ ein abstoßender Fixpunkt von f, $U \in \mathscr{U}(x_0)$ so, daß $\bigwedge V \in \mathscr{U}(x_0) \bigvee k_0 \bigwedge k \geqq k_0 f^k(C \sim V) \subset C \sim \bar{U}$. Dann gilt: $\bigvee n_0 \in \mathbf{N} \bigwedge n \geqq n_0\, i(f^n, U) = 0$.

Beweis: Wir wählen $W \in \mathscr{U}(x_0)$ so, daß 1) $\bar{W} \subset U$ und so, daß 2) es eine endliche Menge $F_0 \subset E'$ und $\varepsilon_0 > 0$ gibt, derart daß $W = (x_0 + \bigcap_{\varphi \in F_0} \varphi^{-1}(-\varepsilon_0, \varepsilon_0)) \cap C$.

Dann ist $\bigwedge n \in \mathbf{N}\, i(f^n, U) = i(f^n, W)$, da in $U \sim W$ keine Fixpunkte von f^n liegen. Für jedes $n \in \mathbf{N}$ wählen wir sodann Überdeckungen $\alpha_n, \beta_n \in \operatorname{Cov}(C)$ mit $\alpha_n > f^{-1}(\beta_n)$ und so, daß

1) $i(f^n, W) = i_{\alpha_n \beta_n}(f^n, W)$

2) es $A_n, B_n \in \mathscr{U}(0)$, $x_1^n, \ldots, x_{p_n}^n \in C$, $y_1^n, \ldots, y_{q_n}^n \in C$ gibt, sowie endliche Teilmengen F_n und $F_n' \subset E'$ und $\varepsilon_n, \varepsilon_n' > 0$, derart daß

$$A_n = \bigcap_{\varphi \in F_n} \varphi^{-1}(-\varepsilon_n, \varepsilon_n),\ B_n = \bigcap_{\varphi \in F_n'} \varphi^{-1}(-\varepsilon_n', \varepsilon_n'),$$

$$\alpha_n = \{(x_i^n + A_n) \cap C \mid i \in \{1, \ldots, p_n\}\},$$

$$\beta_n = \{(y_i^n + B_n) \cap C \mid i \in \{1, \ldots, q_n\}\}.$$

Dann wählen wir nach Lemma 1.4 $H: C \to \ell^2$ passend zu $(C, f, W, (A_n)_{n \in \mathbf{N}}, (B_n)_{n \in \mathbf{N}})$. Wie wir im Anschluß an den Beweis von Satz 2.3 gesehen haben, ist dann mit $W' := H(W)$, $f' := HfH^{-1}$: $\bigwedge n \in \mathbf{N}\, i(f^n, W) = i(f'^n, W')$, da wir eben α_n, β_n geeignet gewählt haben und da auch $(HfH^{-1})^n = Hf^nH^{-1}$, wie wir in Lemma 1.3 sahen. $H(x_0)$ ist aber ein abstoßender Fixpunkt von f' und

$$\bigwedge V' \in \mathscr{U}(H(x_0)) \bigvee k_0 \bigwedge k \geqq k_0 f'^k(K \sim V') \subset K \sim \bar{W}' \qquad (K := H(C)),$$

also gilt nach dem vorstehenden Lemma 2.5

$\bigvee n_0 \in \mathbf{N} \bigwedge n \geqq n_0\, i(f'^n, W') = 0$ und damit

$\bigvee n_0 \in \mathbf{N} \bigwedge n \geqq n_0\, i(f^n, W) = 0$ und deshalb schließlich

$\bigvee n_0 \in \mathbf{N} \bigwedge n \geqq n_0\, i(f^n, U) = 0$, wie behauptet war.

Kapitel 3

Spezielle Betrachtungen im Falle endlicher Dimension

In diesem Abschnitt wollen wir die bisher gewonnenen Ergebnisse auf den Fall endlich-dimensionaler kompakter konvexer Mengen übertragen. Browders Beweis [10] liefert das

Lemma 3.1 Sei $n \in \mathbf{N}$, $C \subset \mathbf{R}^n$ eine n-dimensionale kompakte konvexe Menge, $f: C \to C$ eine stetige Abbildung. Dann gilt: entweder besitzt f einen nicht-abstoßenden Fixpunkt oder es gibt einen abstoßenden Fixpunkt von f, der im Innern von C liegt.

Es ist leicht, Beispiele dafür anzugeben, daß f genau einen Fixpunkt im Innern von C besitzt, der abstoßend ist, und sonst keine weiteren Fixpunkte.
Wir wollen das Lemma 3.1 auf den Fall »mehrwertiger« Abbildungen verallgemeinern.

Definition 3.1 Seien X, Y topologische Räume. Eine Abbildung $f: X \to \mathscr{P}(Y)$ heißt *oberhalbstetig* (oder usc-Abbildung) genau dann, wenn

1) für alle $x \in X$ $f(x)$ kompakt und nichtleer ist

2) es für alle $x_0 \in X$ und alle Umgebungen V von $f(x_0)$ eine Umgebung U von x_0 mit $f(U) \subset V$ gibt.

Definition 3.2 Sei X ein topologischer Raum, $f: X \to \mathscr{P}(X)$ eine oberhalbstetige Abbildung. $x_0 \in X$ heißt *abstoßender Fixpunkt* von f genau dann, wenn

1) $x_0 \in f(x_0)$ (d. h. x_0 ist Fixpunkt von f) und

2) $\bigvee U \in \mathscr{U}(x_0) \bigwedge V \in \mathscr{U}(x_0) \bigvee k_0 \in \mathbf{N} \bigwedge k \geqq k_0 \; f^k(C \sim V) \subset C \sim U.$

Definition 3.3 Sei X ein kompakter topologischer Raum. Mit $\mathscr{A}(X)$ bezeichnen wir die Menge der (in der Čechschen Homologietheorie) azyklischen Teilmengen von X.
Wir wollen nun beweisen, daß für eine n-dimensionale kompakte konvexe Menge $C \subset \mathbf{R}^n$ und eine oberhalbstetige Abbildung $f: C \to \mathscr{A}(C)$ gilt: entweder besitzt f einen nicht-abstoßenden Fixpunkt, oder es gibt einen abstoßenden Fixpunkt von f, der im Innern von C liegt.
Schließlich wollen wir uns noch einmal der Berechnung des Index zuwenden. Sei wieder $C \subset \mathbf{R}^n$ eine n-dimensionale kompakte konvexe Menge und $f: C \to C$ stetig, x_0 ein abstoßender Fixpunkt von f, $U \in \mathscr{U}(x_0)$ so, daß x_0 für alle n der einzige Fixpunkt von f^n in $\bar{U}$ ist.

a) Ist x_0 Randpunkt von C, so haben wir wieder wie in Lemma 2.5:
$\bigvee n_0 \in \mathbf{N} \bigwedge n \geqq n_0 \; i(f^n, U) = 0.$

b) Ist x_0 innerer Punkt von C, so lassen sich sowohl Beispiele dafür finden, daß

α) $\bigwedge n \in \mathbf{N} \; i(f^n, U) = 0$ als auch dafür, daß

β) $\bigwedge n \in \mathbf{N} \; i(f^n, U) \neq 0.$

Definition 3.4 Sei (X, d) ein kompakter metrischer Raum, $f: X \to X$ stetig, $x_0 \in X$, $f(x_0) = x_0$. x_0 heißt *wesentlicher Fixpunkt* von f genau dann, wenn gilt: Für alle $\varepsilon > 0$ gibt es eine Umgebung U von x_0, so daß jede stetige Abbildung $g: C \to C$ mit $\max_{x \in X} d(f(x), g(x)) < \varepsilon$ einen Fixpunkt in U besitzt.
Aus O'Neill [23] folgt, daß im Falle α) x_0 ein unwesentlicher Fixpunkt von f ist und im Falle β) ein wesentlicher Fixpunkt von f ist. Über abstoßende Fixpunkte von f, die auf dem Rande von C liegen, ist damit nocht nichts bekannt. Wir wollen zeigen: Ist Ist $x_0 \in \partial C$ abstoßender Fixpunkt von f, so gibt es ein $n_0 \in \mathbf{N}$, so daß für alle $n \geqq n_0$ x_0 ein unwesentlicher Fixpunkt von f^n ist. Zuvor erinnern wir wieder an einige bekannte Tatsachen aus der Theorie der simplizialen Komplexe und der Čech-Theorie.
Sei X ein topologischer Raum, $A \subset X$, $i: A \to X$ die Injektion. A heißt *starker Deformationsretrakt* von X, wenn es eine stetige Abbildung $r: X \to A$ gibt, so daß $r \circ i = \mathrm{id}$, und wenn es eine Homotopie h zwischen $i \circ r$ und id gibt, so daß $\bigwedge x \in A \bigwedge t \in I \; h(x, t) = x$. X und A besitzen dann isomorphe Homologiegruppen.
Sei K ein simplizialer Komplex, L ein Unterkomplex von K. Als *reguläre Nachbarschaft* $N(L)$ von L bezeichnen wir die Vereinigung aller Mengen $\mathrm{st}(e)$, wo e die Ecken von L

durchläuft, und als $N^k(L)$, als k-te reguläre Nachbarschaft, das Bild der regulären Nachbarschaft $N(Sd^kL)$ von Sd^kL in Sd^kK. Es gilt (BOURGIN, [6]): Für $k \geqq 2$ ist $|L|$ starker Deformationsretrakt von $|\overline{N^k(L)}|$.
Da K durch baryzentrische Unterteilungen beliebig fein unterteilt werden kann, ergibt sich als einfache Folgerung:
Lemma 3.2 Sei K ein simplizialer Komplex, L ein Unterkomplex von K, U eine Umgebung von $|L|$ in $|K|$. Dann gibt es ein $k \in \mathbf{N}$ und einen Unterkomplex L' von Sd^kK, so daß $|L'|$ eine Nachbarschaft von $|L|$ in $|K|$ ist mit $|L| \subset |L'| \subset U$ und $H_*L \cong H_*L'$.

Weiter benötigen wir:

Definition 3.5 Seien X, Y kompakte topologische Räume, $f: X \to Y$ eine stetige Abbildung. Wir sagen, f hat die *Eigenschaft* (V) genau dann, wenn gilt: für alle $y \in Y$ ist $f^{-1}(\{y\})$ azyklisch. (»V« erinnert an VIETORIS.)

Es gilt:

Satz 3.1 (VIETORIS [26], vgl. auch BEGLE [2]): Seien X, Y kompakte topologische Räume, $f: X \to Y$ eine stetige Abbildung mit der Eigenschaft (V). Dann gilt: $f_{\check{*}}: \check{H}_*X \to \check{H}_*Y$ ist ein Isomorphismus.
Satz 3.2 Sei $C \subset \mathbf{R}^n$ eine n-dimensionale kompakte, konvexe Menge, $f: C \to \mathscr{A}(C)$ eine oberhalbstetige Abbildung. Dann gilt: entweder besitzt f einen nicht-abstoßenden Fixpunkt, oder es gibt einen abstoßenden Fixpunkt von f, der im Innern von C liegt.

Beweis: Wenn f keinen abstoßenden Fixpunkt auf ∂C besitzt, so sind wir nach dem Satz von EILENBERG–MONTGOMERY [16] fertig. Im andern Fall seinen genau $x_1, \ldots, x_r$ die abstoßenden Fixpunkte von f, die auf dem Rande ∂C von C liegen.
Unsere Aufgabe ist, zu zeigen, daß f einen weiteren Fixpunkt x_0 besitzt.
Wählen wir zunächst disjunkte Umgebungen $U_1, \ldots, U_r$ von $x_1, \ldots, x_r$, so daß

1) $\bigwedge V \in \mathscr{U}(x_i) \bigvee m_0 \bigwedge m \geqq m_0 \quad f^m(C \sim V) \subset C \sim U_i$.

2) $A := C \sim \bigcup_{i=1}^{r} U_i$ azyklisch und triangulierbar ist.

2) läßt sich erreichen, da wir einen Homöomorphismus $h: C \to B^n := \{x \in \mathbf{R}^n \mid \|x\| \leqq 1\}$ wählen können. Dann sind also $h(x_1), \ldots, h(x_r)$ Extremalpunkte von B^n, besitzen also beliebig kleine Umgebungen, deren Komplement in B^n konvex und kompakt ist. Sodann wählen wir Umgebungen $V_1, \ldots, V_r$ von $x_1, \ldots, x_r$ mit $x_i \in V_i \subset \bar{V}_i \subset U_i$ und wiederum so, daß $C \sim \bigcup_{i=1}^{r} V_i$ triangulierbar ist. Zu V_i gibt es wegen 1) $m_i \in \mathbf{N}$, so daß $\bigwedge m \geqq m_i \; f^m(C \sim V_i) \subset C \sim U_i$. Sei $m_0 := \max_{i \in \{1, \ldots, r\}} m_i$. Dann ist für alle $m \geqq m_0$; wenn $B := C \sim \bigcup_{i=1}^{r} V_i$:

$$f^m(B) = f^m\Big(\bigcap_{i=1}^{r} (C \sim V_i)\Big) \subset \bigcap_{i=1}^{r} f^m(C \sim V_i) \subset \bigcap_{i=1}^{r} (C \sim U_i) = A.$$

Es ist also $A \subset B \subset C$ und wegen $V_i \subset \bar{V}_i \subset U_i$ gibt es eine Umgebung W von A mit $A \subset W \subset B$. A, B und C sind triangulierbar, A azyklisch, $f: C \to \mathscr{A}(C)$ so, daß $\bigcup_{m \geqq m_0} f^m(B) \subset A$, erst recht also $\bigcup_{m=m_0}^{2m_0-1} f^m(B) \subset A$. Dann folgt aus dem nachstehenden Lemma 3.3, daß f einen Fixpunkt x_0 in A besitzt, der wegen $x_1, \ldots, x_r \notin A$ von $x_1, \ldots, x_r$ verschieden sein muß.

Es bleibt also zu zeigen:

Lemma 3.3 Sei K ein simplizialer Komplex, L ein Unterkomplex von K, C ein azyklischer Unterkomplex von K, U eine Umgebung von $|C|$ in $|K|$, so daß $|C| \subset U \subset |L|$. $f: |K| \to \mathscr{A}(|K|)$ sei oberhalbstetig, und es gebe $m \in \mathbf{N}$, so daß $\bigcup_{j=m}^{2m-1} f^j(|L|) \subset |C|$. Dann besitzt f einen Fixpunkt x_0 in C.

Bemerkung: Ein ähnliches Lemma wird in BROWDER [10] für den Fall einer einwertigen Abbildung f formuliert, wobei f überdies als simplizial vorausgesetzt wird (diese Bedingung ist allerdings an der Stelle, an der das Lemma dann angewendet wird, nicht erfüllt). Dafür wird dann von C nicht gefordert, daß es sich um einen Unterkomplex handelt.

Beweis: Für $k \in \{1, \ldots, m\}$ sei $F_{m-k} := f^{m-k}(|L|)$. Nach Voraussetzung ist für $k \in \{1, \ldots, m\}$ und $j \in \{k, \ldots, m+k-1\}$ $f^j(F_{m-k}) = f^{m-k+j}(|L|) \subset |C|$.
Nach Lemma 3.2 finden wir eine azyklische Umgebung U' von $|C|$ mit $|C| \subset U' \subset U$. f ist eine usc-Abbildung, also ist für $j \in \{1, \ldots, m\}$ $U^j_{m-1} := \{x \in |K| \mid f^j(x) \subset U'\}$ eine Umgebung von F_{m-1}, also ist auch $U_{m-1} := \bigcap_{j=1}^{m} U^j_{m-1}$ eine Umgebung von F_{m-1}. F_{m-1} ist kompakt, $|K| \sim U_{m-1}$ ist kompakt, also ist $d_{m-1} := d(F_{m-1}, |K| \sim U_{m-1}) > 0$. Sei nun $Sd^{q_{m-1}}K$ eine baryzentrische Unterteilung von K, so daß der Durchmesser jedes Simplex von $Sd^{q_{m-1}}K$ kleiner als $\frac{1}{2} \cdot d_{m-1}$ ist. Dann ist $L_{m-1} := \bigcup_{\substack{\sigma \in Sd^{q_{m-1}} \\ \sigma \cap F_{m-1} \neq \varnothing}} \sigma$ eine in U_{m-1} enthaltene Nachbarschaft von F_{m-1}.
Sei nun $n < m$ und für $i \in \{1, \ldots, n\}$ L_{m-i} konstruiert, so daß L_{m-i} eine aus Simplices einer hinreichend feinen Unterteilung $Sd^{q_{m-i}}K$ von K bestehende Nachbarschaft von F_{m-i} ist, und so daß für $i \in \{2, \ldots, n\}$ $f(L_{m-i}) \subset L_{m-i+1}$.
Da f eine usc-Abbildung ist, ist wieder $U_{m-n-1} := \{x \in |K| \mid f(x) \subset L_{m-n}\}$ eine Nachbarschaft von F_{m-n-1}.
Wir finden also wieder eine baryzentrische Unterteilung $Sd^{q_{m-n-1}}K$ von K, so daß $L_{m-n-1} := \bigcup_{\substack{\sigma \in Sd^{q_{m-n-1}}K \\ \sigma \cap F_{m-n-1} \neq \varnothing}} \sigma$ eine in U_{m-n-1} enthaltene Nachbarschaft von F_{m-n-1} ist.

Ist $q := \max_{j \in \{1, \ldots, m\}} q_{m-j}$, so ist $K' := \bigcup_{j=1}^{m} Sd^{q-q_{m-j}} L_{m-j}$ ein Unterkomplex von $Sd^q K$. Also gilt:

i) K' ist ein simplizialer Komplex.
ii) $f(|K'|) \subset |K'|$; denn nach Konstruktion ist für $j \in \{2, \ldots, m\}$ $f(L_{m-j}) \subset L_{m-j+1} \subset |K'|$ und $f(L_{m-1}) \subset U' \subset |L| \subset L_0 \subset |K'|$.
iii) $f^m(|K'|) \subset U'$; denn für $k \in \{1, \ldots, m\}$ ist $f^m(L_{m-k}) = f^{m-k+1}(f^{k-1}(L_{m-k})) \subset f^{m-k+1}(L_{m-1}) \subset U'$.

Also: $f \mid K' : |K'| \to \mathscr{A}(|K'|)$ und $f^m(|K'|)$ liegt in der azyklischen Teilmenge U' von $|K'|$. Nach dem folgenden Satz besitzt f dann einen Fixpunkt in U'; da U' aber beliebig klein gewählt werden kann, besitzt f wie behauptet einen Fixpunkt in C.

Es bleibt also zu zeigen

Satz 3.3 Sei K ein simplizialer Komplex, $f\colon |K| \to \mathscr{A}(|K|)$ eine oberhalbstetige Abbildung. Es gebe eine azyklische Teilmenge $C \subset |K|$ und ein $m \in \mathbf{N}$, so daß $f^m(|K|) \subset C$. Dann gilt: f besitzt einen Fixpunkt in C.

Beweis: Für $k \in \mathbf{N}$ sei
$\Gamma_k f := \{(x, y_1, \ldots, y_k) \mid x \in |K|, y_1 \in f(x), \bigwedge i \in \{2, \ldots, k\}\; y_i \in f(y_{i-1})\}$
f ist oberhalbstetig, also ist der Graph von f abgeschlossen; damit ist auch $\Gamma_k f$ eine abgeschlossene Teilmenge der kompakten Menge $|K|^{k+1}$, mithin selbst kompakt. Weiter sei $\Gamma_0 f := |K|$. Für $k \in \mathbf{N}$ sei π_0^k die Projektion

$$\pi_0^k\colon \Gamma_k f \to \Gamma_{k-1} f \text{ mit } \pi_0^k(x, y_1, \ldots, y_k) := (x, y_1, \ldots, y_{k-1}).$$

Für $k \in \mathbf{N}$ besitzt π_0^k die Eigenschaft (V); denn es ist

$$(\pi_0^k)^{-1}(x, y_1, \ldots, y_{k-1}) = \{(x, y_1, \ldots, y_{k-1})\} \times f(y_{k-1})$$

azyklisch, da $f(y_{k-1}) \in \mathscr{A}(|K|)$. Also ist $\pi_0^k\colon \check{H}_* \Gamma_k f \to \check{H}_* \Gamma_{k-1} f$ ein Isomorphismus. Weiter definieren wir für $k \in \mathbf{N}$:

$$\pi_k^k\colon \Gamma_k f \to |K| \text{ durch } \pi_k^k(x, y_1, \ldots, y_k) := y_k$$

und für $k \geqq 2$:

$$\pi_{k-1}^k\colon \Gamma_k f \to \Gamma_1 f \text{ durch } \pi_{k-1}^k(x, y_1, \ldots, y_k) := (y_{k-1}, y_k).$$

Das folgende Diagramm ist für $k \geqq 2$ kommutativ:

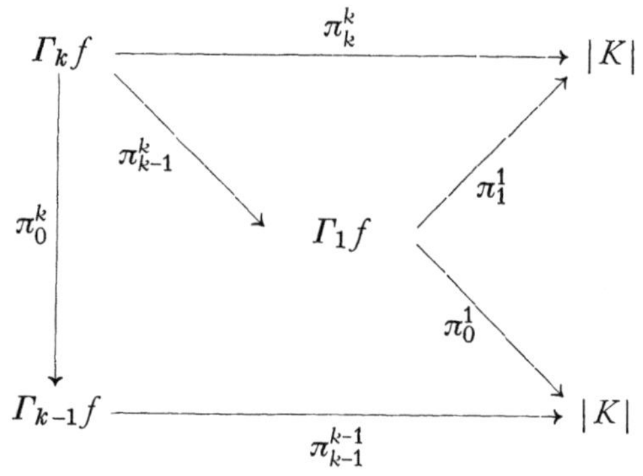

denn

$$\pi_{k-1}^{k-1} \circ \pi_0^k(x, y_1, \ldots, y_k) = \pi_{k-1}^{k-1}(x, y_1, \ldots, y_{k-1}) = y_{k-1}$$
$$\pi_0^1 \circ \pi_{k-1}^k(x, y_1, \ldots, y_k) = \pi_0^1(y_{k-1}, y_k) = y_{k-1}$$
und
$$\pi_1^1 \circ \pi_{k-1}^k(x, y_1, \ldots, y_k) = \pi_1^1(y_{k-1}, y_k) = y_k = \pi_k^k(x, y_1, \ldots, y_k).$$

Sei $\pi_1 := \pi_1^1$ und $\pi_0 := \pi_0^1$. Nach einem Satz von Eilenberg–Montgomery [16] besitzt f einen Fixpunkt $x_0 \in |K|$, wenn $\Lambda(\pi_{1*} \circ (\pi_{0*})^{-1}) \neq 0$. Wegen $x_0 \in f^m(x_0) \subset C$ muß dann aber $x_0 \in C$ sein. Es bleibt also zu zeigen: $\Lambda(\pi_{1*} \circ (\pi_{0*})^{-1}) \neq 0$.

Wir behaupten sogar:

(*) $\operatorname{Spur}(\pi_{1*0} \circ (\pi_{0*0})^{-1}) \neq 0$ und $\bigwedge n \in \mathbf{N}\; \operatorname{Spur}(\pi_{1*n} \circ (\pi_{0*n})^{-1}) = 0$.

Zunächst ist $\Gamma_m f \subset |K| \times f(|K|) \times \cdots \times f^m(|K|)$, also $(\pi_0^1 \circ \cdots \pi_0^m)_*^{-1}(\check{H}_*|K|) \subset \check{H}_*(|K| \times f(|K|) \times \cdots \times f^m(|K|))$, also $\pi_{m*}^m(\pi_0^1 \circ \cdots \circ \pi_0^m)_*^{-1}(\check{H}_*|K|) \subset \check{H}_*(f^m(|K|)) \subset \check{H}_* C$. Da aber C azyklisch ist, ist für $n \in \mathbf{N}$

$$\pi_{m*n}^m \circ (\pi_0^1 \circ \cdots \circ \pi_0^m)_{*n}^{-1} = 0 \text{ und } \operatorname{Spur} \pi_{m*0}^m \circ (\pi_0^1 \circ \cdots \circ \pi_0^m)_{*0}^{-1} = 1.$$

(*) ist also gezeigt, wenn wir zeigen:

(**) $\pi_{m*}^m \circ (\pi_0^1 \circ \cdots \circ \pi_0^m)_*^{-1} = [\pi_{1*} \circ (\pi_{0*})^{-1}]^m$.

Denn: Sei $A_n := \pi_{1*n} \circ (\pi_{0*n})^{-1}\colon \check{H}_n|K| \to \check{H}_n|K|$.

Wäre für $n \in \mathbf{N}$ $\operatorname{Spur}(A_n) \neq 0$, so gäbe es einen nicht-trivialen Eigenwert μ_n von A_n und einen nicht-trivialen Eigenvektor u_n, so daß $A_n u_n = \mu_n u_n$. Dann wäre aber $A_n^m u_n = \mu_n^m u_n$ im Widerspruch dazu, daß A_n^m die Nullabbildung ist.

Da A_0^m genau ein Erzeugendes von $\check{H}_0|K|$ in ein Erzeugendes von $\check{H}_0 C$ abbildet, kann A_0 nicht nilpotent sein; also besitzt A_0 genau einen nichttrivialen Eigenwert μ_0, der die Vielfachheit 1 haben muß. Also ist $\operatorname{Spur} A_0 \neq 0$.

Es bleibt also (**) zu zeigen. Dazu behaupten wir zunächst:

(***) Für $k \geqq 2$ ist $\pi_{k*}^k \circ (\pi_{0*}^k)^{-1} = \pi_{1*} \circ (\pi_{0*})^{-1} \circ \pi_{k-1*}^{k-1}$.

Das obenstehende Diagramm besagt nämlich $\pi_{1*}\pi_{k-1*}^k = \pi_{k*}^k$ und $\pi_{k-1*}^{k-1}\pi_{0*}^k = \pi_{0*}\pi_{k-1*}^k$. Also $\pi_{k-1*}^k = (\pi_{0*})^{-1} \circ \pi_{k-1*}^{k-1} \circ \pi_{0*}^k$ und damit $\pi_{k*}^k = \pi_{1*}(\pi_{0*})^{-1} \circ \pi_{k-1*}^{k-1}\pi_{0*}^k$, woraus (***) folgt. Damit ergibt sich (**) durch Induktion: Für $m = 1$ ist die Behauptung trivial. Sie sei bewiesen für $j \in \{1, \ldots, k-1\}$, dann ist

$$\begin{aligned}
\pi_{k*}^k \circ (\pi_0^1 \circ \cdots \circ \pi_0^k)_*^{-1} &= \pi_{k*}^k \circ (\pi_{0*}^k)^{-1} \circ (\pi_{0*}^{k-1})^{-1} \circ \cdots \circ (\pi_{0*}^1)^{-1} \\
&= \pi_{1*}(\pi_{0*})^{-1} \circ \pi_{k-1*}^{k-1} \circ (\pi_{0*}^{k-1})^{-1} \circ \cdots \circ (\pi_{0*}^1)^{-1} \\
&\quad (***) \\
&= \pi_{1*}(\pi_{0*})^{-1} \circ \pi_{k-1*}^{k-1} \circ (\pi_0^1 \circ \cdots \circ \pi_0^{k-1})_*^{-1} \\
&= \pi_{1*}(\pi_{0*})^{-1} \circ [\pi_{1*}(\pi_{0*})^{-1}]^{k-1} \quad \text{nach Induktionsvoraussetzung} \\
&= [\pi_{1*}(\pi_{0*})^{-1}]^k.
\end{aligned}$$

. . . .

Wir wollen nun noch ein ganz einfaches Beispiel dafür angeben, daß es für endlichdimensionale kompakte, konvexe Mengen C durchaus stetige Abbildungen $f\colon C \to C$ geben kann, die außer einem abstoßenden Fixpunkt (der dann, wie wir in Lemma 3.1 gesehen haben, im Innern von C liegen muß) keine weiteren Fixpunkte besitzen.

Beispiel 3.1 Sei $C := B^2 := \{x \in \mathbf{R}^2 \mid \|x\| \leqq 1\}$.

$g\colon C \to C$

$$x \to \begin{cases} 2x \text{ wenn } \|x\| \leqq \dfrac{1}{2} \\[2ex] \dfrac{x}{\|x\|} \text{ wenn } \|x\| \geqq \dfrac{1}{2} \end{cases}$$

Sei $h\colon C \to C$ eine Drehung um $\dfrac{\pi}{\sqrt{2}}$, $f := h \circ g$. Es ist klar, daß für alle $n \in \mathbf{N}$ der Punkt 0 der einzige Fixpunkt von f^n und überdies abstoßend ist.

Sei $U := \left\{x \in C \mid \|x\| \leqq \frac{1}{2}\right\}$, $B' := C \sim \bar{U}$, $S^1 := \partial C$. Dann ist $1 = i(f^n, C) = i(f^n, U) + i(f^n, B')$. In $B' \sim S^1$ liegen aber keine Fixpunkte von f^n, also $i(f^n, B') = \Lambda(f^n \mid S^1)$. Nun ist aber $f^n \mid S^1 \sim \mathrm{id}$, also $\Lambda(f^n \mid S^1) = 1 - 1 = 0$. Somit $1 = i(f^n, U) + 0$, also $i(f^n, U) = 1$.
Aus O'Neill [23] folgt, daß dann für alle $n \in \mathbf{N}$ der Punkt 0 ein wesentlicher Fixpunkt von f^n ist.
Übrigens läßt sich auch $i(f, U) = -1$ erreichen, wenn man etwa g wie oben und $h: C \to C$ als Spiegelung an einer Geraden durch $0, f := h \circ g$ wählt. Wieder ist

$$1 = i(f, C) = i(f, U) + i(f, B') = i(f, U) + \Lambda(f \mid S^1)$$
$$= i(f, U) + (1 + 1) = 2 + i(f, U). \text{ Also } i(f, U) = -1.$$

Schließlich kann natürlich auch für alle n $i(f^n, U) = 0$ sein:

Beispiel 3.2 Wählen wir C und g wie oben und setzen $h: C \to C$

$$(x^1, x^2) \to \begin{cases} (x^1, -x^2) & \text{wenn } x^2 \geqq 0 \\ (x^1, x^2) & \text{wenn } x^2 \leqq 0. \end{cases}$$

Wieder ist 0 abstoßender Fixpunkt von f^n für alle n, wenn wir wieder $f := h \circ g$ setzen, und $1 = i(f^n, C) = i(f^n, U) + i(f^n, B') = i(f^n, U) + \Lambda(f^n \mid S^1) = i(f^n, U) + 1$, da $f^n \mid S^1$ nullhomotop ist. Also ist $i(f^n, U) = 0$. In diesem Falle ist also 0 unwesentlicher Fixpunkt von f^n für alle $n \in \mathbf{N}$.
Für Fixpunkte $x_0 \in \partial C$ können wir aus dem Verschwinden des Index nicht schließen, daß x_0 ein unwesentlicher Fixpunkt ist. Wir wollen jedoch zeigen:
Satz 3.4 Sei $C \subset \mathbf{R}^n$ eine n-dimensionale kompakte konvexe Menge, $f: C \to C$ stetig, $x_0 \in \partial C$ ein abstoßender Fixpunkt von f. Dann gibt es ein $m_0 \in \mathbf{N}$, so daß für alle $m \geqq m_0$ x_0 ein unwesentlicher Fixpunkt von f^m ist.

Beweis: Sei $h: C \to I^n$ ein Homöomorphismus mit $h(x_0) = 0$. Offensichtlich ist x_0 genau dann ein unwesentlicher Fixpunkt von f^m, wenn 0 unwesentlicher Fixpunkt von $hf^m h^{-1}$ ist. Denn x_0 ist unwesentlicher Fixpunkt von f^m genau dann, wenn

$\bigvee U \in \mathscr{U}(x_0) \bigwedge \varepsilon > 0 \bigvee g: C \to C (\bigwedge x \|f^m x - gx\| < \varepsilon \wedge \bigwedge x \in U \; gx \neq x)$.
Sei also $\varepsilon > 0$. Dann wählen wir $\delta > 0$, so daß $\bigwedge x, y \in C \|x - y\| < \delta \Rightarrow \|h(x) - h(y)\| < \varepsilon$. Nun bestimmen wir $g: C \to C$ so, daß $\bigwedge x \; \|f^m x - gx\| < \delta \wedge \bigwedge x \in U \; gx \neq x$. Dann ist $\bigwedge x' \in I^n \; \|hf^m h^{-1} x' - hgh^{-1} x'\| < \varepsilon$ und $\bigwedge x' \in h(U) \; hgh^{-1}(x') \neq x'$. Die andere Richtung zeigt man genauso.
Ohne Beschränkung der Allgemeinheit dürfen wir also $C = I^n$ und $x_0 = 0$ annehmen. Wir wählen nun $U \in \mathscr{U}(0)$ von der Form $U = \{x \in I^n \mid \|x\| < R\}$, so daß: $\bigwedge r > 0 \bigvee m_0 \bigwedge m \geqq m_0 \bigwedge x \in I^n \|x\| \geqq r \Rightarrow \|f^m x\| \geqq R$, was möglich ist, da 0 abstoßender Fixpunkt ist. Als m_0 wählen wir die kleinste natürliche Zahl, für die es s mit $0 < s < R$ gibt, so daß $\bigwedge m \geqq m_0 \bigwedge x \in I^n \|x\| \geqq s \Rightarrow \|f^m x\| \geqq R$.
Dann ist insbesondere $\bigwedge m \geqq m_0 \bigwedge x \in I^n \|x\| = s \Rightarrow \|f^m x\| > \|x\|$.
Wir behaupten, daß m_0 der Behauptung des Satzes genügt:

Sei also $m \geqq m_0$ und $\varepsilon > 0$. Wir wählen r mit $0 < r < \frac{s}{2}$, so daß $\bigwedge x \in I^n \|x\| < 2r \Rightarrow \|f^m x - x\| < \frac{\varepsilon}{3}$. Das ist möglich, da $f^m(0) = 0$. Sodann wählen wir σ mit

$0 < \sigma < \frac{r}{4}$, so daß $\bigwedge x \in I^n \; \|x\| < \sigma \Rightarrow \|f^m x\| < \frac{\varepsilon}{6}$. Das ist möglich, da $f^m(0) = 0$.

Sei $S_\sigma := \{x \in I_n \mid \|x\| = \sigma\}$, $B_\sigma := \{x \in I^n \mid \|x\| \leqq \sigma\}$.

$p: B_\sigma \to S_\sigma$ sei die Projektion parallel zu der Geraden durch 0 und $(1, \ldots, 1)$ auf S_σ. $\tau: \{x \in I^n \mid \sigma \leqq x \leqq r\} \to \{x \in I^n \mid r \leqq \|x\| \leqq s\}$ sei die Abbildung mit $\tau(x) := \left(\frac{r - s}{r - \sigma} + \frac{s - \sigma}{r - \sigma} \cdot \frac{r}{\|x\|}\right) \cdot x$.

Wir wählen δ mit $0 < \delta < \frac{r}{4}$, so daß

$$\bigwedge x \in I^n \; 0 < r - \|x\| < \delta \Rightarrow \frac{r - s}{r - \sigma} \cdot \|x\| + \frac{s - \sigma}{r - \sigma} \cdot r < \frac{3}{2} r.$$

Sei $\gamma: [0, r] \to I$ die Funktion mit

$$\gamma(t) = \begin{cases} 0 & \text{für } 0 \leqq t \leqq r - \delta \\ \frac{1}{\delta} t + \left(1 - \frac{r}{\delta}\right) & \text{für } r - \delta \leqq t \leqq r. \end{cases}$$

Sei $\eta := \min\left(\frac{\varepsilon}{3}, \min_{\sigma \leqq \|x\| \leqq r} \|f^m \tau(x) - \tau(x)\|\right)$.

Es ist $\eta > 0$, da für x mit $\sigma \leqq \|x\| \leqq r$ gilt: $r \leqq \tau(x) \leqq s < R$; für alle y mit $0 < \|y\| < R$ ist aber $f^m(y) \neq y$.

Sei $\varphi: \{x \in I^n \mid \sigma \leqq \|x\| \leqq r\} \to I$ die Funktion mit

$$\varphi(x) := \gamma(\|x\|) + \frac{1 - \gamma(\|x\|)}{\|f^m \tau(x) - \tau(x)\|} \cdot \eta.$$

Schließlich sei für $x \in I^n$:

$$g(x) := \begin{cases} f^m(x) & \text{für } \|x\| \geqq r \\ x + \frac{\varphi(x)(r - \sigma)\|x\|}{(r - s)\|x\| + (s - \sigma) r} \cdot (f^m \tau(x) - \tau(x)) & \text{für } \sigma \leqq \|x\| \leqq r \\ g(p(x)) & \text{für } 0 \leqq \|x\| \leqq \sigma. \end{cases}$$

Wir behaupten:

i) g bildet I^n in I^n ab.
ii) g ist stetig.
iii) $\bigwedge x \in I^n \; \|f^m(x) - g(x)\| < \varepsilon$.
iv) $\bigwedge x \in U \; g(x) \neq x$.

Mit dem Nachweis dieser Behauptungen wäre der Satz bewiesen.

Zu i): Es genügt $x \in I^n$ mit $\sigma \leqq \|x\| \leqq r$ zu betrachten. Da $\varphi(x) \in I$ genügt es weiter, $x + \frac{(r - \sigma)\|x\|}{(r - s)\|x\| + (s - \sigma) r} (f^m \tau(x) - \tau(x)) \in I^n$ zu zeigen. Zunächst ist $\|x\| \leqq r$, also wegen $s > \sigma$: $(s - \sigma)\|x\| \leqq (s - \sigma) r$, folglich $0 < (r - \sigma)\|x\| \leqq (r - s)\|x\| + (s - \sigma) r$ und deshalb $1 \leqq \frac{r - s}{r - \sigma} + \frac{s - \sigma}{r - \sigma} \frac{r}{\|x\|}$. Nun ist $\tau(x) + (f^m \tau(x) - \tau(x))$

$\in I^n$ also auch $x + \dfrac{1}{\dfrac{r-s}{r-\sigma} + \dfrac{s-\sigma}{r-\sigma}\dfrac{r}{\|x\|}} \cdot (f^m\tau(x) - \tau(x)) = x + \dfrac{(r-\sigma)\,\|x\|}{(r-s)\,\|x\| + (s-\sigma)r}$
$\cdot (f^m\tau(x) - \tau(x)) \in I^n$, da I^n konvex ist.

Zu ii): Es ist nur die Stetigkeit für $x \in I^n$ mit $\|x\| = r$ zu zeigen. Für x mit $\|x\| = r$ ist aber $\tau(x) = \left(\dfrac{r-s}{r-\sigma} + \dfrac{s-\sigma}{r-\sigma}\right) x = x$ und $\varphi(x) = \gamma(r) + \dfrac{1-\gamma(r)}{\|f^m(x) - x\|} \cdot \eta = 1$, da $\gamma(r) = \dfrac{1}{\delta} r + 1 - \dfrac{r}{\delta} = 1.$

Schließlich ist $\dfrac{(r-\sigma)\,r}{(r-s)\,r + (s-\sigma)\,r} = \dfrac{r-\sigma}{r-\sigma} = 1$, also ist g dort stetig definiert.

Zu iii): a) Für x mit $\|x\| \geqq r$ ist $\|f^m(x) - g(x)\| = 0 < \varepsilon$.

b) Für x mit $r - \delta \leqq \|x\| \leqq r$ ist

$$\|f^m(x) - g(x)\| = \left\| x + (f^m(x) - x) - \left(x + \frac{\varphi(x)\,(r-\sigma)\,\|x\|}{(r-s)\|x\| + (s-\sigma)\,r} (f^m\tau(x) - \tau(x))\right)\right\|$$

Also

$$\|f^m x - g x\| \leqq \|f^m x - x\| + \frac{\varphi(x)\,(r-\sigma)\,\|x\|}{(r-s)\,\|x\| + (s-\sigma)\,r} \|f^m\tau(x) - \tau(x)\|,$$

da wegen $\|x\| \leqq r$ und $\sigma < r$ auch $(s-\sigma)\,\|x\| < (s-\sigma)\,r$ und deshalb $0 < (r-s)\,\|x\| + (s-\sigma)\,r$.

Nun ist wegen $\|x\| \leqq r \quad \|f^m x - x\| < \dfrac{\varepsilon}{3}$.

Weiter ist $r - \delta \leqq \|x\| \leqq r$, also $\|\tau(x)\| = \dfrac{r-s}{r-\sigma}\|x\| + \dfrac{s-\sigma}{r-\sigma} r < \dfrac{3}{2} \cdot r < 2\,r$ und

deshalb $\|f^m\tau(x) - \tau(x)\| < \dfrac{\varepsilon}{3}$ nach Wahl von r.

Schließlich ist

$0 < \dfrac{(r-\sigma)\,\|x\|}{(r-s)\,\|x\| + (s-\sigma)\,r} \leqq 1$ und $0 \leqq \varphi(x) \leqq 1$, also $\|f^m(x) - g(x)\| < \dfrac{2\,\varepsilon}{3}$.

c) Für x mit $\sigma \leqq \|x\| \leqq r - \delta$ ist, da nun $\gamma(\|x\|) = 0$:

$$\|f^m x - g x\| \leqq \|f^m(x) - x\| + \frac{(r-\sigma)\,\|x\|}{(r-s)\,\|x\| + (s-\sigma)\,r} \cdot \eta \cdot \frac{\|f^m\tau(x) - \tau(x)\|}{\|f^m\tau(x) - \tau(x)\|}.$$

Also ist $\|f^m(x) - g(x)\| < \dfrac{\varepsilon}{3} + \eta \leqq \dfrac{2\,\varepsilon}{3}$.

d) Ist schließlich $0 \leqq \|x\| \leqq \sigma$, so ist

$$\begin{aligned}\|f^m(x) - g(x)\| &\leqq \|f^m(x) - f^m p(x)\| + \|f^m p(x) - g p(x)\| \\ &\leqq \|f^m(x)\| + \|f^m p(x)\| + \|f^m p(x) - g p(x)\| \\ &< \frac{\varepsilon}{6} + \frac{\varepsilon}{6} + \frac{2\,\varepsilon}{3} = \varepsilon\end{aligned}$$

wegen c) und nach Wahl von σ.

Zu iv): a) Für $x \in I^n$ mit $\sigma \leqq \|x\| \leqq r$ ist wegen $0 < \varphi(x)$ auch $0 < \dfrac{\varphi(x)\,(r-\sigma)\,\|x\|}{(r-s)\,\|x\| + (s-\sigma)\,r}$

Also ist für x mit $\sigma \leqq \|x\| \leqq r : g(x) \neq x$.

b) Für x mit $0 \leqq \|x\| \leqq \sigma$ ist

$$g(x) = p(x) + \frac{\varphi p(x)\,(r-\sigma)\,\sigma}{(r-s)\,\sigma + (s-\sigma)\,r} \cdot (f^m \tau p(x) - \tau p(x))$$

$$= p(x) + \frac{\eta}{\|f^m \tau p(x) - \tau p(x)\|} \cdot \frac{(r-\sigma)\,\sigma}{s(r-\sigma)} \cdot (f^m \tau p(x) - \tau p(x))$$

$$= p(x) + \eta \cdot \frac{\sigma}{s} \cdot \frac{f^m\left(\left(\frac{r-s}{r-\sigma} + \frac{s-\sigma}{r-\sigma}\cdot\frac{r}{\sigma}\right)p(x)\right) - \left(\frac{r-s}{r-\sigma} + \frac{s-\sigma}{r-\sigma}\cdot\frac{r}{\sigma}\right)p(x)}{\left\| f^m\left(\frac{(r-s)\,\sigma + (s-\sigma)\,r}{(r-\sigma)\,\sigma}\,p(x)\right) - \frac{(r-s)\,\sigma + (s-\sigma)\,r}{(r-\sigma)\,\sigma}\,p(x)\right\|}$$

$$= p(x) + \eta \cdot \frac{\sigma}{s} \cdot \frac{f^m\left(\frac{s}{\sigma}\,p(x)\right) - \frac{s}{\sigma}\,p(x)}{\left\| f^m\left(\frac{s}{\sigma}\,p(x)\right) - \frac{s}{\sigma}\,p(x)\right\|}$$

Aber $\left\|\frac{s}{\sigma}\,p(x)\right\| = s$, also $\left\|f^m\left(\frac{s}{\sigma}\,p(x)\right)\right\| > \left\|\frac{s}{\sigma}\,p(x)\right\|$ nach Wahl von s.

Also ist $\|g(x)\| > \|p(x)\| \geqq \|x\|$, da alle Punkte in I^n nur nichtnegative Koordinaten haben, und deshalb $g(x) \neq x$.

Literaturverzeichnis

[1] Banach, S., Sur les opérations dans les ensembles abstraits et leurs applications aux équations intégrales. Fundamenta Math. **3**, 1922, 133–181.

[2] Begle, E. G., The Vietoris Mapping Theorem for bicompact spaces. Annals of Math. **51**, 1950, 534–543.

[3] Bourgin, D. G., Un indice dei punti uniti, Nota 1. Atti Acad. Naz. dei Lincei **19**, 1955, 435–440.

[4] Bourgin, D. G., Un indice dei punti uniti, Nota 2. Atti Acad. Naz. dei Lincei **20**, 1956, 43–48.

[5] Bourgin, D. G., Un indice dei punti uniti, Nota 3. Atti Acad. Naz. dei Lincei **21**, 1956, 395–400.

[6] Bourgin, D. G., Modern Algebraic Topology. New York–London 1963.

[7] Brouwer, L. E. J., Über Abbildungen von Mannigfaltigkeiten. Math. Annalen **71**, 1912, 97–115.

[8] Browder, F. E., On the fixed point index for continuous mappings of locally connected spaces. Summa Brasil. Math. **4**, 1960, 253–293.

[9] Browder, F. E., On a generalization of the Schauder fixed point theorem. Duke Math. Journal **26**, 1959, 291–304.

[10] Browder, F. E., Another generalization of the Schauder fixed point theorem. Duke Math. Journal **32**, 1965, 399–406.

[11] Browder, F. E., A further generalization of the Schauder fixed point theorem. Duke Math. Journal **32**, 1965, 575–578.

[12] Browder, F. E., Nonexpansive nonlinear operators in a Banach space. Proc. Nat. Acad. Sci. U.S. **54**, 1965, 1041–1044.

[13] Dugundji, J., A duality property of nerves. Fundamenta Math. **59**, 1966, 213–219.

[14] Dunford, N., and J. T. Schwartz, Linear operators, Part I. New York–London 1964.
[15] Edelstein, M., A remark on a theorem of M. A. Krasnoselski. Amer. Math. Monthly **73**, 1966, 509/10.
[16] Eilenberg, S., and D. Montgomery, Fixed point theorems for multivalued functions. Amer. Journal of Math. **68**, 1946, 214–222.
[17] Eilenberg, S., and N. Steenrod, Foundations of Algebraic Topology. Princeton 1957.
[18] Hilton, P. J., and S. Wylie, Homology Theory. Cambridge 1960.
[19] Klee, V., Some topological properties of convex sets. Trans. Amer. Math. Soc. **78**, 1955, 30–45.
[20] Krasnosel'skij, M. A., Dva zamečanija o metode posledovatel'nych približenij. Uspechi Matematičeskich Nauk **10**, 1955, 123–127.
[21] Lefschetz, S., Algebraic Topology. Princeton 1942.
[22] Michael, E., Some extension theorems for continuous functions. Pacific Journal of Math. **3**, 1953, 789–806.
[23] O'Neill, B., Essential sets and fixed points. Amer. Journal of Math. **75**, 1953, 497–509.
[24] Schauder, J., Der Fixpunktsatz in Funktionalräumen. Studia Math. **2**, 1930, 171–180.
[25] Tychonoff, A., Ein Fixpunktsatz. Math. Annalen **111**, 1935, 767–776.
[26] Vietoris, L., Über den höheren Zusammenhang kompakter Räume und eine Klasse von zusammenhangstreuen Abbildungen. Math. Annalen **97**, 1927, 454–472.

Forschungsberichte des Landes Nordrhein-Westfalen

Herausgegeben im Auftrage des Ministerpräsidenten Heinz Kühn
von Staatssekretär Professor Dr. h. c. Dr. E. h. Leo Brandt

Sachgruppenverzeichnis

Acetylen · Schweißtechnik

Acetylene · Welding gracitice
Acétylène · Technique du soudage
Acetileno · Técnica de la soldadura
Ацетилен и техника сварки

Arbeitswissenschaft

Labor science
Science du travail
Trabajo científico
Вопросы трудового процесса

Bau · Steine · Erden

Constructure · Construction material · Soil research
Construction · Matériaux de construction · Recherche souterraine
La construcción · Materiales de construcción Reconocimienro del suelo
Строительство и строительные материалы

Bergbau

Mining
Exploitation des mines
Minería
Горное дело

Biologie

Biology
Biologie
Biologia
Биология

Chemie

Chemistry
Chimie
Quimica
Химия

Druck · Farbe · Papier · Photographie

Printing · Color · Paper · Photography
Imprimerie · Couleur · Papier · Photographie
Artes gráficas · Color · Papel · Fotografía
Типография · Краски · Бумага · Фотография

Eisenverarbeitende Industrie

Metal working industry
Industrie du fer
Industria del hierro
Металлообработывающая промышленность

Elektrotechnik · Optik

Electrotechnology · Optics
Electrotechnique · Optique
Electrotécnica · Optica
Электротехника и оптика

Energiewirtschaft

Power economy
Energie
Energía
Энергетическое хозяиство

Fahrzeugbau · Gasmotoren

Vehicle construction · Engines
Construction de véhicules · Moteurs
Construcción de vehículos · Motores
Производство транспортных · Средств

Fertigung

Fabrication
Fabrication
Fabricación
Производство

Funktechnik · Astronomie

Radio engineering · Astronomy
Radiotechnique Astronomie
Radiotécnica · Astronomía
Радиотехника и астрономия

MIX
Papier aus verantwortungsvollen Quellen
Paper from responsible sources
FSC® C105338

If you have any concerns about our products,
you can contact us on
ProductSafety@springernature.com

In case Publisher is established outside the EU,
the EU authorized representative is:
Springer Nature Customer Service Center GmbH
Europaplatz 3, 69115 Heidelberg, Germany

Printed by Libri Plureos GmbH
in Hamburg, Germany